高等职业教育通识类课程新形态教材

Python 开发实践教程

（第二版）

于　京　陈平生　编著

中国水利水电出版社
www.waterpub.com.cn
·北京·

内 容 提 要

本书篇幅精练，摒弃了繁杂的原理性描述，而将重点聚焦于如何利用 Python 开发项目。本书案例涉及 Python 编程基础、面向对象编程、Tkinter 图形界面设计、网络爬虫、数据可视化和 Python Web 应用；知识和技术方面涉及 Python 语言的基本原理、常用技巧、数据模型、程序开发迭代思维和 MVC 开发模式及互联网的应用。作者在书中没有设置单独的理论陈述，而是将编程理论与案例进行有机结合，在引导读者完成实际开发的同时，启发读者主动应用理论提高开发效率，力求提高读者的软件开发水平。

本书可以作为 Python 初学者的学习用书，也可作为初级项目开发人员的指南。

本书提供代码源文件，读者可以从中国水利水电出版社网站（www.waterpub.com.cn）或万水书苑网站（www.wsbookshow.com）免费下载。

图书在版编目（CIP）数据

Python开发实践教程 / 于京，陈平生编著. -- 2版. -- 北京 : 中国水利水电出版社，2021.6
高等职业教育通识类课程新形态教材
ISBN 978-7-5170-9618-4

Ⅰ. ①P… Ⅱ. ①于… ②陈… Ⅲ. ①软件工具－程序设计－高等职业教育－教材 Ⅳ. ①TP311.561

中国版本图书馆CIP数据核字(2021)第105325号

策划编辑：杨庆川　　责任编辑：张玉玲　　封面设计：李　佳

书　　名	高等职业教育通识类课程新形态教材 Python 开发实践教程（第二版） Python KAIFA SHIJIAN JIAOCHENG
作　　者	于　京　陈平生　编著
出版发行	中国水利水电出版社 （北京市海淀区玉渊潭南路 1 号 D 座　100038） 网址：www.waterpub.com.cn E-mail：mchannel@263.net（万水） sales@waterpub.com.cn 电话：（010）68367658（营销中心）、82562819（万水）
经　　售	全国各地新华书店和相关出版物销售网点
排　　版	北京万水电子信息有限公司
印　　刷	三河市航远印刷有限公司
规　　格	184mm×260mm　16 开本　8.75 印张　196 千字
版　　次	2016 年 11 月第 1 版　2016 年 11 月第 1 次印刷 2021 年 7 月第 2 版　2021 年 7 月第 1 次印刷
印　　数	0001—3000 册
定　　价	26.00 元

凡购买我社图书，如有缺页、倒页、脱页的，本社营销中心负责调换

版权所有・侵权必究

第二版前言

自《Python 开发实践教程》出版以来，我们经常收到读者的电话和邮件，询问课后习题、示例代码等相关事宜，并对书中案例的设计提出了自己的看法，使我们感到更加荣幸的是很多教师同行将这本书选为授课教材，并表示该书的编写方式使学生很容易开始编写实际应用案例。

在《Python 开发实践教程》出版后的几年中，Python 语言已经得到了更广泛的应用，大数据、人工智能、物联网、财经等各个领域的很多专业人士都利用 Python 快速架构自己的应用。Python 的版本也从 Python 2 演进到了 Python 3。

Python 3 完善和规范了 Python 的某些语法，并利用迭代器等结构提高了对大型数据的运行效率。2020 年，我们完成了《Python 开发实践教程》（第二版）的编写。我们选择了应用日趋广泛的 Python 3 作为再版的基础，对字典等数据结构的使用作了补充，在实际应用方面更新了案例，对目前常用的 Django、正则表达式、JSON 数据解析进行了示例展示。同时为了适应图形表达的需求，书中引入了 pyecharts 数据可视化的实例。

编 者

2021 年 4 月

第一版前言

Python 语言是一门朝气蓬勃的新兴语言，它可以工作于多个平台，且应用范围广范，从YouTube那样的大型站点，UBER背后的大型数据分析以及“树莓派”这种几十美元的“小制作级”的个人创新，几乎所有应用都可以使用Python。Python更吸引人的特点是开发效率高、语法简捷，其丰富的资源能够让开发者快速得到想要的结果。本书的目标是提供一个路径，让大家快速地学习Python语言，同时针对热门应用给出了基本的样例。

本书的案例内容包括编程基础，面向对象的编程，图形界面，利用集合工具完成数据分析和组织，数据的保存和读取，图表绘制，外设硬件模块控制，互联网应用等。本书内容的选取涉及语言的基本原理、常用技巧、开发模式和互联网及物联网的应用，目的是为读者找到一条从入门到进行热门应用开发的途径，使入门者能够快速掌握开发技巧，投入到自己的应用开发中。想要快速开发自己的“应用”的读者应该欢迎这种安排。

本书体例的特点是每章都先列出涉及的内容，然后通过案例逐步展示这些内容，再对语法细节作出适量的讲解。之所以这样安排，因为本书是应用教程，而不是“编程语言字典”。初次阅读本书的读者应当先观察、体会案例，然后再了解案例所涉及的语法知识。

特别的，本书不是Python大全，编写时严格控制篇幅，所以选取的内容都与“快速投入开发工作”有关，一些琐碎和“高深”的内容不在本书内容选取的范围，例如在Python中读写文件至少有十几种方法，本书只选用最基础的，而对其他更高级的应用并未涉及，有需求的读者请查阅Python及其各种工具模块的参考手册。

本书可以作为使用Python语言进行快速开发的应用指南，也可以作为计算机、嵌入式和自动化专业学生的编程入门教材。

本书由北京市财政“电子信息类人才培养创新与课程建设”和“网络视频应用开发平台构建”项目资助，同时感谢王彦侠、胡亦、任栋、柳云梅、安宁、路远同志对本书完稿提供的大力协助。

鉴于时间仓促，书中难免存在疏漏，欢迎读者不吝指正和交流，敬请联系 ssoohay@qq.com。

编 者

2016 年 8 月

目　　录

第 1 章　步入 Python 程序世界

本章通过一个计算三角形面积的案例带领读者快速进入 Python 世界，案例涉及的编程知识如下：

（1）Python 程序的体例。

（2）语句间的分隔。

（3）变量的定义和使用。

（4）利用 print()函数进行输出。

（5）利用 input()函数进行输入。

（6）数据类型。

（7）将数字转换成字符串。

（8）程序注释。

案例 1–1　计算三角形面积

案例 1-1 通过输入三角形的底和高，计算三角形面积并输出结果，代码如下［每行代码前的数字为代码行标号（并不是代码），是为了对程序进行讲解之用，本书后边均采用此方式，不再重复说明］：

```
1	#计算三角形面积
2	'''
3	2020-12-04
4	writen by yujing
5	程序代码中所有非中文的部分必须都用英文输入法输入，包括#以及()
6	'''
7	print("this program will calculate the area of triangle") #输出字符串，起提示作用
8	temp=input("please input a->")   #input()是输入函数，返回值为字符串
9	a=float(temp) #float()是数值转换函数，将字符串转换为浮点数
10	h = float(input("please input h->")) #将数值输入和数值转换一并处理
11	area = a * h / 2
12	print("三角形面积为", area)   #输出两个参数
13	print("三角形面积为" + str(area))   #函数 str()把数字变成字符串再输出
14	print(f"三角形面积为{area}") #利用 f-string 格式化输出
```

案例导读

Python 程序非常简单，从书写的第一行开始执行，到最后一行结束，语句之间用“Enter

键”分隔，即每行为一个单独语句。

第 1 行，程序中用#标识“注释”，所有的注释都不执行。

第 2～6 行是多行注释，用三引号标识，即 3 个连续的单引号或双引号，允许一个字符串跨多行，三引号中可以包含换行符、制表符以及其他特殊字符。

第 7 行，利用 print()函数输出一个字符串，Python 的字符串写在引号中，单引号和双引号作用是一样的。

第 8～11 行分别定义 4 个变量：temp、a、h 和 area。Python 与大多数编程语言类似，变量需要先定义再使用，但是它没有显式的变量声明形式，而是以赋初值形式完成声明。这种做法虽然不同寻常，但是避免了无初值变量的产生。

第 8 行和第 10 行利用 input()函数实现输入。同 C 和 Java 不同，Python 通过键盘输入默认返回字符串，在进行计算之前要将数据类型转换为整数或浮点数。

第 12 行利用 print()函数输出多个参数。print()函数的参数之间用逗号隔开，输出结果是依次打印参数值，且将逗号输出为一个空格。

第 13 行进行了数字与字符串的转换，并将字符串输出，利用 str()函数将数字转换为字符串，再利用+号将字符串进行连接后输出。

第 14 行利用 f-tring 格式化字符串，然后将其输出。

边学边练

仿照上例完成一个计算梯形面积的程序。

知识梳理与扩展

1. 语句的缩进与结束

Python 用“分行”来表示一个语句的结束，一行就是一个语句。语句在书写格式上要严格遵守“缩进原则”。利用“缩进”这种方式更接近人类书写的习惯，但是程序员必须保证相同语句块的缩进保持一致，子块必须使用比父块更多的缩进，否则，就会引发 IndentationError: unexpected indent 错误。缩进这种强制规则使源文件的排版更加有规则，更具有可读性。

2. 注释

评价程序优劣的一个重要依据是它的源代码是否容易理解，有时这甚至比程序是否可以执行更重要。程序员需要通过标注来解释程序的目标、方法、意图、思路等，这些标注称为注释。Python 用#号或三个连续的引号表示注释。

3. 值与类型

我们日常处理的信息通常可以分为两种类型：数字和非数字。但由于计算机处理数据时需要进行更详细的数据类型区分，因此我们进一步将数字分为 int（整数）、bool（布尔型）、float（浮点数）和 complex（复数）。

在 Python 中，必须明确数据的使用类型。Python 的特点是不使用数据名称而使用数据实例来说明类型，这样的好处在于永远也不会产生未定义变量初值的危险。数据示例见表 1-1。

表 1-1 数据示例

int	bool	float	complex
9	True	0.0	123.45j
-99	False	-15.2560	1+0.2j

Python 支持的复数由实数部分和虚数部分构成，可以用 a + bj 或者 complex(a,b)表示，复数的实部 a 和虚部 b 都是浮点型。

对于非数字的量，统称为字符串，可以用'使用单引号标志'或"使用双引号标志"来表示，双引号中可以嵌套使用单引号，比如："这是一个'单、双引号混合使用'的字符串示例"。

Python 提供了一个“内置函数”type()，用来返回数据的类型：若有定义 a=3，执行 print(type(a))语句之后的结果是 int。

4. 变量、标识符

Python 允许程序员用给数据量起名的方法区分和使用程序中的值，一般情况下，由于程序中的量参与计算时其值会发生变化，因此它们被称为变量，程序员为变量所起的名字被称为“标识符”，标识符必须遵守以下命名规范：

（1）可以由字母、数字、下划线组成。

（2）标识符长度不限。

（3）必须由字母和下划线开始。

（4）大小写字母表达不同标识符。

（5）不可以使用 Python 的关键字，如 False、str、def、if、raise、None、del、import、return、True、elif、in、try、and、else、is、while、as、except、lambda、with、assert、finally、nonlocal、yield、break、for、not、class、from、or、continue、global、pass 等。

不建议使用第三方的模块名，如 pyecharts、csv、Django、json 等。另外还有一些约定俗成的标识符（起名）规范，虽然违反了这些规范并不会产生错误，但可能会引起项目中其他合作伙伴的不快或困惑。比如，名字太长、太短或通过名字猜不出变量的大致作用的标识符是不被提倡的。

比较下面两种标识符：

- 被提倡的标识符：days_in_month。
- 不被提倡的标识符：k1、m2。

在程序中也会临时使用一些简短的标识符来解决一些临时性的问题，但这种标识符的使用范围最好不要超过 10 行，而且要提供注释。

还有一些约定俗成的变量名称，例如：

- i：经常用于循环。
- tmp：表示临时变量。

- sum：表示“和”。
- max：表示“最大”。
- min：表示“最小”。

5. 常量

Python 没有常量机制，但是我们有时确实需要提醒自己或同伴某些数据不可改变，这时我们可以将其名称用大写字母来表示，例如 PI=3.14。

6. 输入

程序中可以使用 input()函数实现数据输入，该函数返回值的数据类型为字符串，其语法格式如下：

```
变量=input("提示信息")
```

7. 输出

程序中可以使用 print()函数实现数据输出。print()函数具有丰富的功能，其详细语法格式如下：

```
print(value, ..., sep=' ', end='\n', file=sys.stdout, flush=False)
```

默认情况下，该函数将值打印输出到流或 sys.stdout，打印后换行，其可选的关键字参数如下：

- file：类文件对象（stream，默认为当前的 sys.stdout）。
- sep：在值之间插入的字符串，默认为空格。
- end：在最后一个值后附加的字符串，默认为换行符。
- flush：是否强制刷新流。

例如，print('1','2','3','4',sep = "插入")的输出结果：1 插入 2 插入 3 插入 4。

建议采用 f-tring 格式化字符串进行输出（后面将对其进行详细说明）。

8. 字符串的连接、倍增和转换

字符串数据和字符串不能进行混合运算，但是我们可以利用“+”和“*”来进行字符串的连接和“倍增”，举例如下：

- 'China'＋'　'＋'Beijing'的结果是 'China　Beijing'。
- 'A'*5 的结果是'AAAAA'。

将数字转换成字符串的常用方法是利用 f-string 格式化和利用 str()函数将数字转换成字符串。示例代码如下：

```
1    #利用 f-string 格式化和利用 str()函数将数字转换成字符串
2    a=123
3    b=456
4    c=a+b
5    temp= "a connect b =>"+f'{a}'+f'{b}' #利用 f-string 格式化，运行结果为 a connect b => 123456
6    d="a connect b =>"+str(a)+str(b) #利用 str()函数，运行结果为 a connect b => 123456
```

小结

在 Python 中，变量必须先赋初值再使用。虽然没有其他编程语言的定义环节，但 Python 确实是“强类型语言”，即所有的量必须有类型，只是它不用显式指定类型，而是在给变量赋值的时候确定变量的数据类型。其实这种机制也不错，变量被强制赋初值，这使得变量使用更安全。

本章还介绍了变量命名规范，输入输出语句和字符串的一些简单使用方法。掌握了这些，我们完全可以进行简单的编程了。

练习一

1．编程实现：设 PI=3.1415，输入半径 r，计算圆的面积并输出。

2．编程打印下面的表格。

```
+----------------+-------------+--------------+
|      姓名      |    年龄     |     籍贯     |
+----------------+-------------+--------------+
|      张三      |     32      |     北京     |
+----------------+-------------+--------------+
|      李四      |     45      |     天津     |
+----------------+-------------+--------------+
|      王五      |     28      |     河北     |
+----------------+-------------+--------------+
```

第 2 章　常用运算及自定义函数

在本章，读者们将实践函数的用法，包括定义、使用、引用等。本章所涉及的知识要点包括:

（1）函数的定义和使用。

（2）形参、实参、返回值。

（3）局部变量与全局变量。

（4）常用运算。

（5）import 导入机制。

（6）Python 的格式化输出。

案例 2-1　定义函数计算三角形面积

案例 2-1 通过定义函数的方式计算三角形面积并输出，代码如下：

lect2_1.py

```
1    #定义函数计算三角形面积
2    #written by yujing
3    def calcu_tri(x,y):
4        print("now in function")
5        return x*y/2
6    print("this program will calculate the area of triangle")
7    a = float(input("please input a->"))
8    h = float(input("please inout h->"))
9    area =calcu_tri(a,h)
10   print(f"area is {area}")
```

案例导读

Python 是“先定义再使用”的语言，所以函数在使用之前需要定义。若把第 3～5 行的函数定义放到第 10 行之后就会出现错误。

第 3 行用 def 关键字定义了一个名字为 calcu_tri 的函数，这种形式就是函数的定义。calcu_tri 函数的参数是 x 和 y，使用缩进的方法标志函数的范围，calcu_tri 函数只有两条语句，这两条语句的缩进（句首空格数）相同，而从第 6 行开始就不是 calcu_tri 函数的范围了。Python 利用排版的缩进格式表达语句的归属范围，第 4 行和第 5 行的缩进格式表明，这两条语句隶属第 3 行定义的函数。

第 3 行的 calcu_tri 函数的功能是通过打印信息提示程序现在运行的位置。

第 5 行的 return 是一个 Python 语法关键字，顾名思义，函数将在此返回（返回到调用位置）并返回一个值，即 x*y/2 的计算结果。也就是说 calcu_tri 函数传入参数 x，y，返回计算所得到的值。

第 6 行取消了函数 calcu_tri 的缩进，表示回到程序主框架的范畴。

第 7 行和第 8 行分别输入了 a 和 h，并定义了 a 和 h 的数据类型和值。

第 9 行，类似数学中调用函数，程序将 a 和 h 传入 calcu_tri 函数，然后程序加载 calcu_tri 函数并运行，直至运行到 calcu_tri 函数的 return 语句，再回到函数被调用的位置，将 calcu_tri 函数的值赋给了 area，然后在第 10 行打印输出。

知识梳理与扩展

1. 函数的定义和调用

函数在调用前必须定义。在函数调用中，调用的函数叫“主调函数”，被调用的函数叫“被调函数”，例如在函数 A 中调用函数 B，那么函数 A 是主调函数，函数 B 是被调函数。函数被调用时使用的参数叫“实参”（实际参数），而函数定义时使用的参数叫“形参”（形式参数）。例如上面的示例，calcu_tri 函数按参数排列顺序接收 a、h 的值并分别将其赋到 x、y 中，x、y 属于 calcu_tri 函数定义时使用的参数，即“形参”，而 a、h 即“实参”。calcu_tri 函数中 return 后面的内容叫“返回值”。实参、形参、返回值的说法对编程来说没什么意义，只是教学和交流时指代比较明确。

在 Python 中形参和实参之间采用值传递的机制，形参的变化不会改变实参，示例代码如下：

lect2_2.py

```
1    #形参不改变实参
2    def fun1(k):
3        k=k+1
4        print(f'形参 k={k}') #形参 k=11
5    k=10
6    fun1(k)
7    print(f'实参 k={k}')  #实参 k=10
```

运行以上代码，读者会发现，调用函数 fun1()后 k 的值并没有发生变化。

2. 全局变量与局部变量

简单来说，在函数内部定义的变量的使用范围仅限于函数内部且无法在函数外部被修改，这类变量被称为局部变量，而不属于任何函数的变量则是全局变量。有一个简单的方法可以帮助我们形象地理解全局变量和局部变量：变量的作用范围由缩进格式标志的代码块确定，在一个代码块声明的变量仅限于本（级）代码块使用。示例 lect2_2.py 第 3 行中的 k 是局部变量，第 5 行中的 k 是全局变量。

在实际的应用中，案例 2-1 所示的函数的使用方式没什么实际意义，其最大的不方便就是函数不能作为一个“工具包”被其他程序利用（即复用）。所以将函数“打包”十分重要，具体请看案例 2-2。

案例 2–2　开发一个计算三角形面积的工具包

案例 2-2 开发一个计算三角形面积的工具包，并利用该工具包计算面积，代码如下：

lect2_3.py

```
1    #调用工具包计算三角形面积
2    #written by yujing
3    from lect2_4 import *
4    print("this programe instruct function in other files")
5    a = float(input("please input a->"))
6    h = float(input("please inout h->"))
7    area = calcu_tri(a, h)
8    print("area is " + str(area))
```

lect2_4.py

```
1    #定义计算三角形面积的工具包
2    #written by yujing
3    def calcu_tri(x, y):
4        print("calculate triangle area")
5        return x*y/2
```

案例导读

在运行案例之前，需要参照附件导入自定义的模块。案例 2-2 示范了如何使用外部文件的资源（即函数被其他程序复用）。本案例包含两个文件：lect2_3.py 和 lect2_4.py。文件 lect2_4.py 只定义了计算三角形面积的 calcu_tri 函数。

文件 lect2_3.py 将调用文件 lect2_4.py 中的 calcu_tri 函数。于是在文件 lect2_3.py 的第 3 行有下列语句：

```
from lect2_4 import *
```

该句话的含义是“从 lect2_4 中引入所有函数”，于是在 lect2_3.py 中便可以使用 calcu_tri 函数了。

注意，使用 from 引用文件模块的时候不要带文件名的后缀“.py”。

本案例将源代码分成两个文件，这样做的目的是方便进行工具包（函数库）的复用。比如，开发人员完成了求各种图形面积的函数，那么求图 2-1 中的图形阴影部分的面积时，只要把包含求简单图形面积的函数文件导入（import）相应的应用程序中，然后把各种函数进行组合，就能完成计算任务，这样开发就简单多了。所以建议读者在实际应用中尽量使用多文件机制定义函数，这样可充分利用函数的功能。

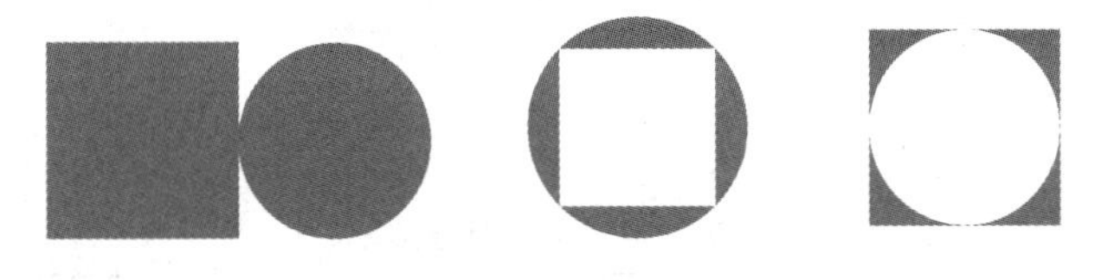

图 2-1　图形阴影

知识梳理与扩展

1. 常用运算

Python 提供丰富的计算功能，其中算术运算有+（加）、-（减）、*（乘）、/（除）、%（取余）。它们的运算规则与常规算术运算一样，若要提高某部分表达式的运算优先级则可在该部分表达式外面使用括号“()”，括号可以嵌套使用。另外，进行除法运算时除数不能为 0，与日常计算不同，计算机语言中的计算需要注意数据的类型。将常用运算总结如下：

（1）括号()。括号内的数据将被优先处理，与其他编程语言类似，Python 只提供一种括号，括号可以嵌套使用。

（2）算术运算符见表 2-1。

表 2-1　算术运算符

算术运算符	意义	说明
+	加法运算符	遵循数学运算规则
-	减法运算符	
*	乘法运算符	
/	除法运算符	
%	模运算、求余运算符	只能用于整型
**	幂运算	2**7，即求 2 的 7 次幂 2**0.5，即求 2 的平方根

算术运算符的应用示例代码如下：

lect2_5.py

```
1    #数学运算
2    a,b=5,3     #赋值整数
3    c='Python'
4    d='程序设计'
5    temp=a+b #结果为 8
6    temp=c+d #结果为"Python 程序设计"
7    temp=a/b #结果为 1.6666666667，默认第 11 位四舍五入
```

```
8    temp=a//b #取整除，返回商的整数部分，结果为 1
9    temp=a%b #取模，返回余数，结果为 2
10   temp=a**b #幂运算，结果为 125
```

Python 对算术运算优先级的设置与数学计算是一样的。

（3）关系运算符见表 2-2。

表 2-2 关系运算符

关系运算符示例	说明
a>b	a 大于 b 时为真
a>=b	a 大于等于 b 时为真
a<b	a 小于 b 时为真
a<=b	a 小于等于 b 时为真
a==b	a 和 b 相等时为真
a!=b 或 a <> b	a 和 b 不相等时为真（利用<>表达“不等于”运算的方法将逐步被淘汰）

关系运算符的应用示例代码如下：

lect2_6.py

```
1    #关系运算
2    a,b=10,20
3    temp=a==b #结果为 False
4    temp=a!=b #结果为 True
5    temp=a>=b #结果为 False
6    temp=a<=b #结果为 True
```

注意：Python 的关系运算和逻辑运算中用布尔值表达两种结果：True（真）和 False（假）。

（4）逻辑运算符见表 2-3。

表 2-3 逻辑运算符

逻辑运算符示例	说明
a and b	a、b 皆不为假时为真，否则为假
a or b	a、b 皆为假时为假，否则为真
not a	a 为假时为真，否则为假

逻辑运算符的应用示例代码如下：

lect2_7.py

```
1    #逻辑运算
2    a=True
3    b=False
4    temp=a and b #结果为 False
5    temp=a or b #结果为 True
6    temp=not a #结果为 False
```

（5）赋值运算符。赋值运算符包括=、+=、-=、*=、/=，相应的应用示例代码如下：

lect2_8.py

```
1    #赋值运算
2    a,b=20,10
3    a+=1 #加法赋值运算，结果为 21
4    a-=1 #减法赋值运算，结果为 20
5    a*=2 #乘法赋值运算，结果为 40
6    a/=2 #除法赋值运算，结果为 20.0
7    a**=2 #幂赋值运算，结果为 400.0
8    b//=3 #取整除赋值运算，结果为 3
```

（6）运算优先级。以上列出的运算符的优先次序为括号、算术运算、关系运算、逻辑运算、赋值运算。

2. import 模块导入机制

利用 import 模块导入机制可以将已有的函数功能模块导入程序。这个机制方便代码复用，但要注意引用功能模块的文件时不需要后缀名。

注意：在 PyCharm 开发环境中，需要通过 File→Settings 命令进行相应设置，具体请参看附录。

3. 格式化输出

Python 支持数据的格式化，其优势是可以方便地将数据格式化成相应的字符串。Python 3.6 引入了一种新的字符串格式化方式：f-tring 格式化字符串。从%s 格式化到 format 格式化再到 f-string 格式化，格式化的方式越来越直观。f-string 的常见使用方式如下所述。

（1）f-string 的基本使用，{ }表示被替换的字段、表达式或调用函数。

（2）f-string 填充，若指定了字符串最终的长度，如果现有的字符串没有指定长度那么长，就用某种字符（填充字符）来填满这个长度，这就是“填充”，默认使用空格进行填充。示例代码如下：

lect2_9.py

```
1    #f-string 格式化输出
2    course='PYTHON'
3    score=89
4    print(f'课程{course.lower()}，成绩{score}')  #用大括号{ }表示被替换的字段、表达式或调用函数，
输出结果：课程 python，成绩 89
5    print(f"{course:>20}")  #输出长度为 20，左边用空格补齐
6    print(f"{course:_<20}")  #输出结果：PYTHON______________
```

小结

对一个开发人员而言，代码复用意味着工作经验的积累，函数为开发人员提供了这种机制。开发人员可以把一些常用的功能抽象成函数形式，再把同类的多个函数（例如求各种不

同图形面积的函数）打包成一个文件，这样就可以在开发其他程序时便利地使用以前的工作成果。另外这种机制也可以支持小组开发，例如多名开发人员组成小组，规定好功能间的接口，然后分别提交不同的功能文件，通过函数的相互调用完成程序的功能，这样可以大大地提高开发效率。

在定义函数的过程中要注意函数代码的范围，特别是函数中的缩进格式，这是初学者最容易犯错误的地方。Python 鼓励开发人员尽量写短的代码，而使代码变短的方法当然包括将功能包装成函数。

Python 在函数调用过程中使用值传递的形式，所以主调函数中的实参不会因形参在被调用函数中的变化而变化。

练习二

1．编写一个计算矩形面积的函数。

2．海伦公式的用途是利用三角形三条边求面积。编写一个利用海伦公式计算三角形面积的函数。

3．尝试自编一个面积工具包计算图 2-1 中图形阴影部分的面积。

4．利用第 2 题和第 3 题的成果编写程序实现下述功能：输入梯形的四条边，计算梯形面积。

第 3 章　分支、循环和列表的使用

编程中对程序流程的控制是必不可少的。程序中有三种基本的流程：顺序、分支与循环。本章将学习相关的知识，涉及的内容如下：

（1）利用 if 语句确定程序流程。

（2）利用 while 进行循环。

（3）声明和使用列表。

（4）利用 for 遍历集合。

学习本章内容后，读者应该能够进行简单的应用开发了。作者希望读者在学习本章案例的过程中，除了掌握分支和循环的用法，也应掌握常用的程序设计方法和结构。本章要实现一个可记录的图形面积计算器，其主要功能是可以连续多次选择图形、输入相应参数计算面积，并可查看已输入图形（包括三角形、矩形、圆形）的参数和面积。

案例 3–1　选择图形

案例 3-1 实现了功能是显示选择图形界面，输出功能提示。显示的界面如图 3-1 所示。

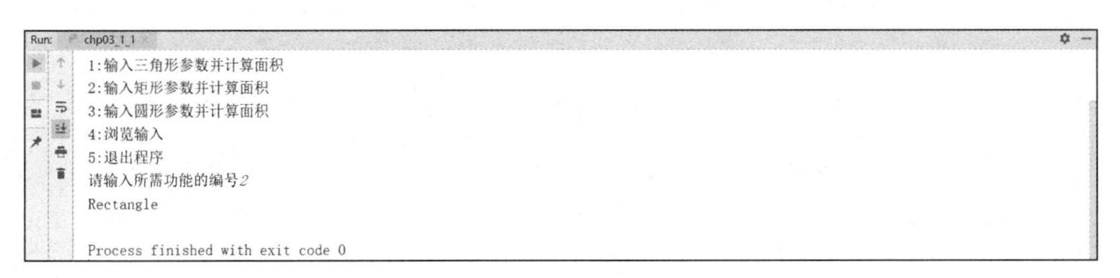

图 3-1　显示的界面

程序显示一个界面，其中列出 5 个功能。用户输入所需要的功能编号，程序调用相应的函数。这里编写的函数并不提供实质性的功能，只是打印功能的提示信息，后续再逐个完善函数的功能，从而得到功能完整的程序。

先用简单的语句和函数搭建框架完整而功能简单的程序，然后再逐渐将其完善，这种开发方式被称为“迭代增量”。通俗地说，这种方式的特点是快速开发一个简单的程序版本，让开发者（和客户）对目标产生一个完整架构的印象，然后在此架构下不断进行完善。此方法易于激发开发者和客户的思路，找出前一阶段工作的某些不足，进而对目标进行建议、开发、调试、测试和更改。但是每次完善后，程序都有完整的功能（即可运行，可结束，功能可以简单但是必须“有”）。每次开发完成的程序都是下一次开发程序的起点，而每个新版本都是上一个版本的提高，故名迭代增量。其实，迭代增量的思想很简单：开发程序不是完成书法作品，书法作品需要一笔贯通不能修改；程序开发是“雕塑“，从一个框架开始就是“作品”，然后开发者在“作品”上应不断进行完善，直至“作品”达到“完美”。具体将通过后续案例进行讲解。

案例 3-1 的代码如下：

lect3_1.py

```
1    #选择功能：计算图形面积、预览功能、退出程序
2    choice = -1
3    menustr = "\n"
4    menustr += "\n1:输入三角形参数并计算面积"
5    menustr += "\n2:输入矩形参数并计算面积"
6    menustr += "\n3:输入圆形参数并计算面积"
7    menustr += "\n4:浏览输入"
8    menustr += "\n5:退出程序"
9    def cal_triangle():#该函数在程序中用于计算三角形面积
10       print("计算三角形面积")
11       return 0
12   def cal_rect():#该函数在程序中用于计算矩形面积
13       print("计算矩形面积")
14       return 0
15   def cal_circle():#该函数在程序中用于计算圆形面积
16       print("计算圆面积")
17       return 0
18   def list_all():#该函数实现预览程序功能
19       print("预览程序功能")
20       return 0
21   def quit_pro():#该函数在程序中用于退出程序
22       print("退出程序")
23       return 0
24   print(menustr)
25   choice = int(input("请输入所需功能的编号"))
26   if choice == 1:
27       cal_triangle()
28   elif choice == 2:
29       cal_rect()
30   elif choice == 3:
31       cal_circle()
32   elif choice == 4:
33       list_all()
34   elif choice == 5:
35       quit_pro()
```

案例导读

观察程序 lect3_1.py 的代码，第 2 行定义一个用于对功能选择的变量 choice，第 3 行定义

转义字符（“\n”是转义字符，表达“换行”）。

第 4～8 行利用了“+=”加法赋值运算符实现菜单文字连接，通过转义字符使每个菜单项都占据一个新行。

第 9～23 行定义了 5 个功能函数，实现计算图形面积、预览程序功能、退出程序等。

第 24 行输出整个菜单。

第 25 行读入用户的菜单选项。

第 26～35 行利用一组 if...elif 语句判断用户的选择，调用相应的功能函数实现功能。

知识梳理与扩展

if 语句有以下三种形式。

（1）标准的 if 语句，语法如下：

```
if 表达式 A:
    表达式为真则执行语句块 Z
```

在上述 if 语句中，表达式 A 用来确定程序的流程，若表达式 A 为真，即表达式 A 的计算结果为“非 0”或是 bool 量 True，则执行语句块 Z，读者要注意表达式 A 后面的冒号“:”和语句块 Z 的缩进格式。

（2）“if...else”结构实现“如果...否则”功能，语法如下：

```
if 表达式 A:
    表达式为真则执行语句块 Z
else:
    表达式为假则执行语句块 Y
```

在上述 if...else 结构中，若表达式 A 为真，执行语句块 Z；否则执行语句块 Y。

（3）“if...elif...else”结构用来进行多重分支的选择，语法如下：

```
if 表达式 A:
    表达式 A 为真则执行语句块 Z
elif 表达式 B:
    表达式 B 为真则执行语句块 Y
...（其他 elif）
else:
    表达式都为假则执行语句块 X
```

在上述 if...elif...else 结构中，若表达式 A 为真，则执行语句块 Z；表达式 A 为 0 或 False，则进入下一个分支，计算表达式 B；若 B 为“非 0”或 True，则执行语句块 Y；若所有条件都不满足则执行语句块 X。读者注意，该结构中可以有多个 elif。

案例 3-1 的程序有几个不完善的地方，首先这个程序目前的功能是只能进行一次输入，不满足“能够多次选择图形输入参数并求面积”的需求；另外我们还是希望将函数写到另一个功能文件中，这样可以保持主程序的简洁。所以我们在第 1 个版本案例 3-1 的基础上继续进行开发，请看版本 2（案例 3-2）。

案例 3-2　完成连续选择图形功能

案例 3-2 要求能实现连续选择图形计算面积的功能（即可多次选择图形并调用相应的功能函数计算面积），直至选择退出。选择退出功能时，程序给出一个 Press any key to quit 的提示后结束。程序代码分为 lect3_2.py 和 lect3_3.py 两部分，lect3_2.py 是程序的主要结构，lect3_3.py 中包含输入参数的函数和计算面积的函数，具体代码如下：

lect3_2.py

```
1   #连续选择图形计算面积
2   from lect3_3 import *
3   choice = -1
4   menustr = "\n"
5   menustr += "\n1:输入三角形参数并计算面积"
6   menustr += "\n2:输入矩形参数并计算面积"
7   menustr += "\n3:输入圆形参数并计算面积"
8   menustr += "\n4:退出程序"
9   while choice!=0: #choice==0 时，退出循环
10      print(menustr)
11      choice = int(input("请输入所需功能的编号"))
12      if choice == 1:
13          cal_triangle()
14      elif choice == 2:
15          cal_rect()
16      elif choice == 3:
17          cal_circle()
18      elif choice == 4:
19          quit_pro()
20          break
```

lect3_3.py

```
1   #定义计算图形面积的功能函数
2   def cal_triangle():      #该函数在程序中用于计算三角形面积
3       print("计算三角形面积")
4       return 0
5   def cal_rect():          #该函数在程序中用于计算矩形面积
6       print("计算矩形面积")
7       return 0
8   def cal_circle():        #该函数在程序中用于计算圆形面积
9       print("计算圆面积")
10      return 0
11  def quit_pro():          #该函数在程序中用于退出程序
```

```
12        print("退出程序")
13        return 0
```

案例导读

观察 lect3_2.py 和 lect3_3.py 中的代码，文件 lect3_2.py 第 2 行的“from lect3_3 import *”语句表示引用了 lect3_3.py 中的所有功能函数。

第 9 行采用了 while 循环，缩进格式表示了循环体（循环的范围）。该循环包括功能菜单的打印输出和选择。

第 20 行加入了一个 break 语句，在 choice 的值是 4 的时候程序先调用 quit_pro()函数，然后利用 break 语句中止 while 循环，while 循环中止后，程序就结束了。

文件 lect3_3.py 的功能与案例 3-1 中的相应功能相同。

知识梳理与扩展

1．while 循环

while 循环是非常简单的循环，其基本格式如下：

```
while 表达式 A:
  表达式 A 为真则执行循环块 L
```

在上述 while 循环语句中，若表达式 A 为真，即表达式 A 计算结果为“非 0”或是 bool 量 True，则执行语句块 L，然后再次计算表达式 A，并根据再次计算的结果决定是否再次执行语句块 L，如此往复循环，直至表达式 A 的值为 0 或是 bool 量 False。使用格式上要注意表达式 A 后面的冒号“:”和语句块 L 的缩进格式。若循环体执行过程中出现 break 语句则循环中止；若循环是嵌套的，那么 break 只中止其所在层的循环。

以下代码段分别演示了 while 循环的几种使用方式。

（1）已知循环次数，需要利用循环变量的方式，如求 10 以内的自然数的和，代码如下：

lect3_4.py

```
1    #求 10 以内的自然数的和
2    i,s=1,0
3    while i<10:
4        s+=i
5        i+=1
6    print (f's={s}')
```

这个包含 6 行代码的程序演示了利用循环变量求 1～9 的自然数的和。

（2）循环次数不定，直至表达式为 0 或 False，如输入一个整数，求除了 1 和其本身之外的所有因子，代码如下：

lect3_5.py

```
1    #输入一个数，求除了 1 和其本身之外的所有因子
2    stro='因子是：'
```

```
3     i=int(input("输入一个自然数，程序将求出它所有的因子")) #输入数值，将其转换为整数
4     j=2
5     while j<i:
6         if i%j==0:
7             stro+=f'{j}'+','
8         j+=1
9     print(stro)
```

输入变量 i 的值以后，程序求出 i 的所有因子。该程序的特点是循环开始时并不知道循环的次数，一切由条件决定。代码第 5 行是循环结束条件，若循环结束条件没有满足且没有使循环结束的语句，则循环将一直继续。

2. 嵌套和中止循环

循环可以嵌套并可以利用 break 语句中止循环的流程，如求 20 以内的所有质数的程序代码如下：

lect3_6.py

```
1     #求 20 以内的所有质数
2     i=2
3     while i<21:      #i 表示求质数的范围是 2～20，所以循环条件是 i<21
4         j=2          #对于每个 i，因子的计算都从 2 开始
5         while j<i/2: #如果在 2～i/2 的范围中有把 i 整除的数，那 i 就不是质数，所以因子的选择范围是<i/2
6             if i%j==0:
7               break  #若 i 已经被整除，则没必要再进行其他因子的测试了，所以直接中止因子的循环
8             j+=1
9         if j>i/2:
10            print (f"{i}是质数" ) #这个 if 语句块的含义是，如果关于 j 的
11                                  #循环都进行完了，说明在 2～i/2 的范围中
12                                  #没有找到 i 的因子，那么 i 是质数
13        i+=1
```

掌握了分支和循环就可以进行基础的编程了，接下来在案例 3-2 的基础上继续完善计算面积的功能。

案例 3-3　完善计算面积功能

案例 3-3 是在案例 3-2 的基础上，添加输入参数和计算面积的功能（称其版本 3）。这里并不需要修改 lect3_2.py 中的框架部分，而只是完成 lect3_3.py 中定义的各个求面积的函数，读者可以体会这种架构的方便之处。

将 lect3_3.py 升级后的程序（称为版本 3）代码如下：

lect3_3.py（版本 3）

```
1     #定义计算图形面积功的能函数
2     def cal_triangle():#该函数在程序中用于计算三角形面积
```

```
3          print("计算三角形面积")
4          a = float(input("输入三角形 a 的边长："))
5          b = float(input("输入三角形 b 的边长："))
6          c = float(input("输入三角形 c 的边长："))
7          if a + b > c and b + c > a and c + a > b:  #利用“任意两条边的和大于第三边”判断输入的
                                                       #三条边是否能构成三角形
8              p = (a + b + c) / 2
9              s = (p * (p - a) * (p - b) * (p - c)) ** 0.5
10             print("面积是：", s)
11         else:
12             print("输入参数错误")
13         return 0
14     def cal_rect():#该函数在程序中用于计算矩形面积
15         print("计算矩形面积")
16         a = float(input("输入矩形 a 边长："))
17         b = float(input("输入矩形 b 边长："))
18         s = a * b
19         print("面积是：", s)
20         return 0
21     def cal_circle():#该函数在程序中用于计算圆形的面积
22         print("计算圆面积")
23         r = float(input("输入半径 r："))
24         s = 3.14 * r * r
25         print("面积是：", s)
26         return 0
27     def quit_pro():
28         print("quit")
29         return 0
```

上述程序的运行结果如图 3-2 所示。

知识梳理与扩展

对一个实际应用来说，程序的设计应该考虑三个因素：程序的架构、算法（问题的解决方法）和数据结构。许多读者开发程序时总是侧重于解决方法，其实这种考虑是片面的。早期在软件开发领域有个著名的公式：

程序=算法＋数据结构

这个公式不但说明了程序是算法与数据结构的结合体，更说明了在程序目标不变的情况下若采用“好”的数据结构，算法就可以变得简单一些；反之，若采用了不恰当的数据结构，算法就会变得复杂。所以数据结构及其组织形式与算法一样，也需要精心设计。例如，本案例将各个图形的参数和面积都声明成局部变量可以减少各函数间数据的交换，从而简化开发过程，但是为了在每个函数中记录每个图形的参数和面积，我们将采用一个新的数据结构，请看案例 3-4（版本 4）的代码。

```
1:输入三角形参数并计算面积
2:输入矩形参数并计算面积
3:输入圆形参数并计算面积
4:退出程序
请输入所需功能的编号1
计算三角形面积
输入三角形a的边长:3
输入三角形b的边长:4
输入三角形c的边长:5
面积是：6.0


1:输入三角形参数并计算面积
2:输入矩形参数并计算面积
3:输入圆形参数并计算面积
4:退出程序
请输入所需功能的编号1
计算三角形面积
输入三角形a的边长:4
输入三角形b的边长:5
输入三角形c的边长:6
面积是：9.921567416492215


1:输入三角形参数并计算面积
2:输入矩形参数并计算面积
3:输入圆形参数并计算面积
4:退出程序
请输入所需功能的编号4
quit

Process finished with exit code 0
```

图 3-2　案例 3-3 的运行结果

案例 3–4　连续选择图形计算面积并在列表中记录结果

在案例 3-3 中虽然可以连续选择图形计算面积，但计算结果没有保存也不能查看。案例 3-4 将要继续完善程序功能，实现连续选择图形计算面积并在列表记录结果，增加“浏览计算结果”功能。实现新增的功能有一些难度：各个图形的参数和面积都在各个面积计算函数的内部声明且都是局部变量，需设计一个列表来记录计算结果。案例代码 lect3_7.py 和 lect3_8.py 如下：

lect3_7.py

```
1    #连续选择图形计算面积并将其记录在列表中
2    from lect3_8 import *
3    lst_shape = []   #定义一个列表用来存储图形的参数和面积
4    choice = -1
```

```
5   menustr = "1:输入三角形参数并计算面积\n"
6   menustr +="2:输入矩形参数并计算面积\n"
7   menustr +="3:输入圆形参数并计算面积\n"
8   menustr +="4:浏览计算结果\n"
9   menustr +="5:退出程序"
10  while True:
11      print(menustr)
12      choice = int(input("请输入所需功能的编号："))
13      if choice == 1:
14          cal_triangle(lst_shape)
15      elif choice == 2:
16          cal_rect(lst_shape)
17      elif choice == 3:
18          cal_circle(lst_shape)
19      elif choice ==4:
20          list_all(lst_shape)
21      elif choice==5:
22          quit_pro()
23          break
```

lect3_8.py

```
1   #定义计算图形面积的功能函数
2   def cal_triangle(lst_shape):
3       print("triangle")
4       a = float(input("输入三角形 a 的边长："))
5       b = float(input("输入三角形 b 的边长："))
6       c = float(input("输入三角形 c 的边长："))
7       if a + b > c and b + c > a and c + a > b:
8           p = (a + b + c) / 2
9           s = (p * (p - a) * (p - b) * (p - c)) ** 0.5
10          #利用“任意两条边的和大于第三边”判断输入的三条边是否能构成三角形
11          print("面积是：", s)
12      else:
13          print("输入参数错误")
14      lst_shape.append(['triangle:',a,b,c,s])
15      return 0
16      #该函数在程序中用于计算三角形面积
17  def cal_rect(lst_shape):
18      print("Rectangle")
19      a = float(input("输入矩形 a 边长："))
20      b = float(input("输入矩形 b 边长："))
21      s = a * b
22      print("面积是：", s)
23      lst_shape.append(['rect:', a,b,s])
24      return 0
25  #该函数在程序中用于计算矩形面积
26  def cal_circle(lst_shape):
```

```
27          print("circle")
28          r = float(input("输入半径 r："))
29          s = 3.14 * r * r
30          print("面积是：", s)
31          lst_shape.append(["circle:",r,s])
32          return 0
33      #该函数在程序中用于计算圆形的面积
34      def list_all(lst_shape):
35          print("list")
36          for r in lst_shape:
37              print(r)
38          return 0
39          #该函数在程序中用于展示上一次使用的功能
40      def quit_pro():
41          print("quit")
42          return 0
```

程序运行结果如图 3-3 所示。

```
请输入所需功能的编号：1
triangle
输入三角形a的边长:3
输入三角形b的边长:4
输入三角形c的边长:5
面积是： 6.0
1:输入三角形参数并计算面积
2:输入矩形参数并计算面积
3:输入圆形参数并计算面积
4:浏览计算结果
5:退出程序
请输入所需功能的编号：2
Rectangle
输入矩形a边长:1
输入矩形b边长:2
面积是: 2.0
1:输入三角形参数并计算面积
2:输入矩形参数并计算面积
3:输入圆形参数并计算面积
4:浏览计算结果
5:退出程序
请输入所需功能的编号：3
circle
输入半径r:1
面积是: 3.14
1:输入三角形参数并计算面积
2:输入矩形参数并计算面积
3:输入圆形参数并计算面积
4:浏览计算结果
5:退出程序
请输入所需功能的编号：4
list
['triangle:', 3.0, 4.0, 5.0, 6.0]
['rect:', 1.0, 2.0, 2.0]
['circle:', 1.0, 3.14]
```

图 3-3　案例 3-4 程序运行结果

案例导读

文件 lect3_7.py 的第 3 行增加了一个声明：lst_shape=[]。它的含义是声明一个名为 lst_shape 的列表，“[]”表示当前列表为空。列表是 Python 语言提供的一种数据结构，它是一个线性集合，可以将任何数据类型的元素（各元素的数据类型也可以不同）动态加入这个集合，这样就比传统编程语言中的数组要方便得多。

第 14、16、18 行调用各图形的面积计算函数时，都将列表名称 lst_shape 作为参数传递给函数，由面积计算函数将数据添加到列表中。

第 20 行调用 list_all 函数浏览各图形的参数和面积时也将 lst_shape 作为参数传递给函数，list_all 函数将遍历列表，打印出各图形的参数和面积。

文件 lect3_8.py 的第 14、23、31 行各有一行形如 lst_shape.append([...])的语句，其含义是向列表 lst_shape 的尾部添加（append）新的元素，前面提到列表的元素可以是任意数据类型，各元素的数据类型也可以不同。本案例就运用了这个便利之处。下面以三角形面积计算函数中的“参数添加”语句（第 14 行）为例进行介绍。

lst_shape.append(['triangle:',a,b,c,s])分为两个步骤执行：

（1）['triangle:',a,b,c,s]利用三角形的参数和面积构建了有 5 个元素的新列表，第 1 个元素是字符串'triangle'，后面的元素是由三角形的参数 a、b、c 和面积值 s 共同构成的一个新的“匿名”列表。

（2）lst_shape.append(['triangle:',a,b,c,s])的含义是将上述匿名列表添加到 lst_shape 列表的尾部。可以想见，本案例向 lst_shape 列表添加的新元素都是“列表”。

文件 lect3_8.py 的第 36、37 行如下：

```
for r in lst_shape:
    print(r)
```

其作用是利用 for 循环依次遍历 lst_shape 列表并打印遍历到的元素。Python 语言很简捷，在 for 中出现了一个新变量 r，这个变量不需要提前声明，for r in lst_shape:是将 lst_shape 中的元素按顺序依次赋值给 r，执行 print(r)语句即打印 lst_shape 中的元素，结果如图 3-3 所示。

至此，本案例完成了所有需求。除了案例用到的一些语法知识外，读者需要注意的是开发的过程，本次开发并没有“一步到位”，而是从一个“骨架”版本分 4 次逐步迭代，过渡到“较为完善”的版本，这种开发方法目标明确，易于掌控。另外，案例中数据、程序框架与算法之间存在两个关系：一个是结构与算法的接口，一个是数据的接口。读者应该仔细体会其设计方式。总体来说，程序是由各部件组合而成的，各部件组合的规则应该是“高内聚，低耦合”。

知识梳理与扩展

1. 列表

案例 3-4 的程序开发中用到了新的数据结构：列表。列表是一个比传统数组更好用的数据线性集合，可以在随机位置给它任意添加不同类型的数据。Python 还提供多种工具方便列表的操作，下面分别举例说明。

（1）声明一个空列表。

```
my_list=[]   #此时 my_list 中没有任何元素
```

（2）向列表尾部增加元素。

```
my_list.append(100011)
my_list.append('Beijing')
my_list.append(3.14)
```

经过连续三次的元素添加，列表 my_list 中有 3 个元素，元素索引与值的对应关系如下：

```
my_list[0]:100011       #第 0 个元素是 100011
my_list[1]:'Beijing'    #第 1 个元素是 Beijing
my_list[2]:3.14         #第 2 个元素是 3.14
```

注意，元素的索引从 0 开始，最大索引是元素个数（列表长度）减 1。

（3）使用索引访问列表。可以用索引访问列表元素，比如修改第 2 个元素的值的代码如下：

```
my_list[2]=0.618
```

这时第 2 个元素的值是 0.618 了。此时列表中的 3 个元素分别为

```
my_list[0]:100011
my_list[1]: 'Beijing'
my_list[2]:0.618
```

（4）向列表指定位置插入元素。利用 insert 语句可以向指定索引位置插入元素，例如：

```
my_list.insert(2, '黄金分割')
```

使用 insert 语句向索引位置为 2 的位置插入元素“黄金分割”，此时列表中有 4 个元素，相应代码如下：

```
my_list[0]:100011
my_list[1]: 'Beijing'
my_list[2]: '黄金分割'
my_list[3]:0.618
```

（5）删除或清空列表中的记录。Python 为列表提供了 pop 方法，利用该方法可以删除指定索引位置的元素，例如：

```
my_list.pop(2)
```

该语句执行完成后，列表中剩 3 个元素，分别是

```
my_list[0]:100011
my_list[1]: 'Beijing'
my_list[2]:0.618
```

pop 方法还可以不加任何参数直接删除列表尾部元素，代码如下：

```
my_list.pop()
```

上述语句执行完成后，列表中还剩两个元素，分别是

```
my_list[0]:100011
```

```
my_list[1]: 'Beijing'
```

若要将列表清空可以使用以下语句：

```
my_list=[]
```

或

```
del my_list.pop[:]
```

（6）遍历列表、二级索引。除了案例 3-4 中演示的利用 for 循环遍历列表的方法外，读者还需要了解另一种情况。若要将案例中第一种图形的面积打印输出，则需要访问 list_all[0] 的索引为 2 的元素，可以使用下面的语句：

```
print list_all[0][2]
```

原理很简单，list_all[0]指的是['Triangle', '3,4,5',6]，这是一个列表，而面积数据在这个列表中的索引是 2，所以要引用面积数据就应使用 list_all[0][2]。

2. for 循环

在访问列表的过程中使用了 for 循环形式，在 Python 中，for 语句经常用来遍历一个集合中的所有元素，请看下面这种形式：

```
#用 for 遍历列表
for rec in My_list:
    循环体
```

这种形式前面已经见过，My_list 是一个列表，按元素索引顺序将元素依次赋值给 rec，如果 My_list 列表中有 N 个元素，则 for 的循环体也将执行 N 次，同时，也可以利用 rec 在循环体中遍历 My_list。

3. 列表常用方法

列表常用方法见表 3-1。

表 3-1　列表常用方法

方法	说明
lst.append(x)	将元素 x 添加至列表 lst 尾部
lst.extend(L)	将列表 L 中的所有元素添加至列表 lst 尾部
lst.insert(index, x)	在列表 lst 的指定位置 index 处添加元素 x，该位置后面的所有元素后移一个位置
lst.remove(x)	在列表 lst 中删除首次出现的指定元素 x，该元素之后的所有元素前移一个位置
lst.pop([index])	删除并返回列表 lst 中下标为 index（默认为-1）的元素
lst.clear()	删除列表 lst 中的所有元素，但保留列表对象
lst.index(x)	返回列表 lst 中第一个值为 x 的元素的下标，若不存在值为 x 的元素则抛出异常
lst.count(x)	返回指定元素 x 在列表 lst 中的出现次数
lst.reverse()	对列表 lst 的所有元素进行逆序排序
lst.sort(key=None, reverse=False)	对列表 lst 中的元素进行排序，key 用来指定排序依据，reverse 决定升序（False），还是降序（True）
lst.copy()	返回列表 lst 的浅复制

4. 切片操作

可以使用切片来截取列表中的任何部分得到一个新列表，也可以通过切片来修改和删除列表中的部分元素，甚至可以通过切片操作为列表对象增加元素。

切片操作通过 2 个冒号分隔的 3 个数字来完成：

- 第一个数字表示切片开始位置（默认为 0）。
- 第二个数字表示切片截止（但不包含）位置（默认为列表长度）。
- 第三个数字表示切片的步长（默认为 1），当步长省略时可以顺便省略最后一个冒号。

切片操作不会因为下标越界而抛出异常，而是简单地在列表尾部截断或者返回一个空列表，代码具有更强的健壮性。代码示例如下：

```
aList = [3, 4, 5, 6, 7, 9, 11, 13, 15, 17]
aList[::]    #返回包含所有元素的新列表，结果为[3, 4, 5, 6, 7, 9, 11, 13, 15, 17]
aList[::-1]  #返回逆序排序列表的所有元素，结果为[17, 15, 13, 11, 9, 7, 6, 5, 4, 3]
aList[::2]   #返回列表偶数位置的元素，隔一个取一个，结果为[3, 5, 7, 11, 15]
```

5. 利用 for…in… range( )循环

在 Python 中，for 是一种用于迭代序列的循环，range(N)的意义是生成一个 0 到 N-1 的数字列表，也可以得到其他数字范围内的循环，如下列语句控制循环的数字范围是从 N 到 M-1。

```
for i in range(N,M)
```

range()还可以确定序列的步长值，range(start,end,step)的含义是从 start 处开始，步长为 step，在 end-1 处结束。

小结

本章介绍了关于程序流程方面的分支结构和循环结构，并介绍了一种非常易于使用的数据结构：列表。

读者要注意分支结构和循环结构的格式，其表达式后面的“:”和代码段的缩进都是容易犯错的地方。

if 语句和 while 语句都利用表达式的计算结果决定程序执行的流程。在 Python 中，系统把所有“非 0”值和 bool 计算中的 True 都认为是“真”，而把 0 值和 bool 计算中的 False 认为是“假”。

for 语句在 Python 中有两个用途：一是利用 range()遍历集合；二是实现单纯的“循环”功能。

列表是一种比数组更灵活的数据结构：①列表允许在一个结构中存储不同数据类型的元素，甚至列表也可以作为其中的元素；②列表提供一个线性的索引方便访问；③列表长度可变，支持动态地添加、修改和删减元素，非空列表的最大索引值始终是元素个数减 1。

在循环和集合的遍历过程中，若要终止“本层”循环可使用 break 语句，若要终止“本次”循环则使用 continue 语句。本章并没有涉及 continue 的相关知识，请读者自行加以研习。

练习三

1．为本章的案例添加求所有图形的面积之和的功能。提示：可以在列表中加一个总面积的数据项。

2．输入一个年份，判断它是否是闰年。闰年的条件：能被 4 整除不能被 100 整除，或者能被 400 整除（y%4==0 and y%100 != 0 or y%400 ==0）。

3．使用 if 结构写一个程序，其功能为判断输入的月份有多少天。

4．为本章的案例添加一个 New 的功能，若用户选择 New 则将已有的输入数据清空，重新开始输入。

5．利用网络查询读写文件的函数的用法，引入相关模块尝试完成 Save（存储）和 Open（打开）功能。

6．打印一个左对齐的“九九乘法表”。

7．利用列表保存每个月所包含的天数，输入年、月、日，求该日期是一年中的第多少天，要求考虑闰年的情况。

8．输入两个由年、月、日组成的日期，求输入的两个日期之间相隔多少天。

第 4 章　开发万年历

前三章涉及的知识和工具足够应对日常的程序开发，可能初学者会觉得这些知识与真实开发之间还有些距离。本章为读者提供一个体验软件开发过程的项目，利用所学过的工具和知识开发一个“一眼看去，摸不到头脑”的程序。读者可体会如何将点滴功能组合成一个完善的项目。

本章将进行“万年历”程序开发，即用户输入年和月，程序则输出相应的月历。例如，用户输入 2015 年 5 月，程序将打印正确的包含星期的月历，如图 4-1 所示。

```
please input year:2020
please input month:2
  SUN    MON    TUE    WEN    THU    FRI    SAT
    1      2      3      4      5      6      7
    8      9     10     11     12     13     14
   15     16     17     18     19     20     21
   22     23     24     25     26     27     28
```

图 4-1　正确运行的万年历程序结果

大多数软件开发的入门者会认为自己“没能力开发”如此“摸不到头脑”的程序。其实大部分初学者的知识和工具的储备已足够了，开发的难点在于找不到落脚点。根据我们前面学到的“迭代增量”的方法，可以先写出一个简单的框架版本，然后在此基础上不断进行完善，就像在跑马拉松的路上给自己设置多个“可达到”的目标，不用考虑如何完成全程，只需考虑如何达到比较近的目标。

案例 4–1　输出月历

万年历程序开发的第一个目标就是输出一个月历形式，即只要日期和星期能对整齐而不需要任何其他“功能”。

案例 4-1 实现正确输出月历，所以比较容易。以后每个开发阶段都在之前的基础上前进一小步，但每个阶段都是完整的，且每个阶段都有一个令开发者感兴趣的结果，这就是“迭代增量”的含义。开发这个项目时，读者千万不要找个完整的万年历程序然后试图“读懂”它，这样做根本没有意义，我们一定要尝试并体会项目“生长”的过程。编写程序打印如图 4-2 所示的月历。

```
SUN    MON    TUE    WEN    THU    FRI    SAT
1      2      3      4      5      6      7
8      9      10     11     12     13     14
15     16     17     18     19     20     21
22     23     24     25     26     27     28
29     30     31
```

图 4-2　月历形式

案例 4-1 的程序代码如下：

lect4_1.py

```
1     #打印月历
2     week_list=['SUN','MON','TUE','WEN','THU','FRI','SAT']   #列表存放
3     for temp in week_list:
4         print(f'{temp:<7}', end='') #右对齐输出星期，共 7 个格
5     days_i_m=31 #定义每个月为 31 天
6     out_str='' #定义一个空字符串
7     for i in range(days_i_m):
8         #每输出 7 个数字后换行
9         if i%7==0:
10            out_str=out_str+f'\n{(i+1):<7}'
11        else:
12            out_str=out_str +f'{(i+1):<7}'
13    print(out_str)
```

案例导读

程序第 2～4 行定义一个列表存放星期，利用 for…in…range()形式输出星期，且按右对齐方式输出，共 7 个格。

第 7～13 行输出日期，先把日期生成一个字符串，每 7 个日期换一行，日期右对齐，最后用 print()函数输出。

案例 4–2　确定打印天数

案例 4-2 的目标是输入年、月后确定打印每个月的天数。每个月的天数是由年和月共同决定的，比如闰年的二月就该输出 29 天。

案例 4-2 比较简单，把原来循环里那个天数的固定值“31”设计为由程序计算天数，闰年的二月是 29 天，平年的二月是 28 天，程序计算天数就演变成判断是否为闰年，其他月份的天数都固定不变，可以用列表记录每个月的天数。为降低程序结构的复杂性，把打印月历和计算天数的功能设计在两个文件中。案例 4-2 的代码如下：

lect4_2.py

```
1   #打印某年某月的天数
2   from lect4_3 import *
3   year=int(input('please input year:')) #输入年份并将其转化为整数
4   month=int(input('please input month:'))#输入月份并将其转化为整数
5   days_i_m=days_in_month(year, month) #调用函数计算月份的天数
6   week_list=['SUN','MON','TUE','WEN','THU','FRI','SAT']
7   for temp in week_list:
8       print(f'{temp:<7}', end='')
9   out_str=''
10  for i in range(days_i_m):
11      if i%7==0:
12          out_str=out_str+f'\n{(i+1):<7}'
13      else:
14          out_str=out_str +f'{(i+1):<7}'
15  print(out_str)
```

lect4_3.py

```
1   #计算某年某月的天数
2   days_month=[31,28,31,30,31,30,31,31,30,31,30,31] #用列表记录每个月的天数，二月暂记为 28 天
3   #判断是否为闰年，是闰年返回 True，否则返回 False
4   def is_leap_year(y):
5       #闰年条件：能被 4 整除，但不能被 100 整除；或者能被 400 整除
6       if y%100 != 0 and y%4 == 0 or y%400 == 0:
7           return True
8       else:
9           return False
10  #计算某个月的天数，闰年的二月为 29 天，其他月份从列表中获取天数（days_month）
11  def days_in_month(y, m):
12      if is_leap_year(y) and m==2:
13          return 29
14      else:
15          return days_month[m-1]
```

案例导读

（1）lect4_2.py 文件的功能是根据每个月的天数输出月历。

- 第 2 行是加载 lect4_3.py 文件的所有方法。
- 第 3～5 行是输入年、月并将它们转化为整数，调用 lect4_3.py 文件中 days_in_month() 方法获取该月的天数。

（2）lect4_3.py 文件是计算每个月的天数。

- 第 2 行用列表存储每个月的天数，除闰年的二月是 29 天，其余月份的天数是固定的，用列表存储方便读取。

- 第 4～9 行定义判断是否为闰年的方法，闰年条件：能被 4 整除，但不能被 100 整除；或者能被 400 整除。
- 第 11～15 计算每个月的天数，如果是闰年的二月返回 29 天，其他月份从列表中读取天数。列表的下标从 0 开始，因此第 15 行的函数参数为 m-1。

案例 4–3　确定日期与星期的对应关系

确定某月 1 日与星期的对应关系后就能够输出正确的月历。案例 4-3 要实现确定日期与星期的对应关系。首先对一个月历进行分析，每个月从最左端开始（日期的 1 号对应星期日）可以方便地控制以 7 个日期加入一个回车的形式输出该月的天数，但是实际的月历并不都是从最左边开始的，怎么办呢？通过观察得知，若开始打印位置不是周日，那么打印结束位置就会延展相应的天数。举个例子，2021 年 1 月的 1 日是星期五，那么打印的开始和结束的位置都将为推后 5 天的位置，如图 4-3 所示。

```
please input year:2021
please input month:1
SUN    MON    TUE    WEN    THU    FRI    SAT
                                   1      2
3      4      5      6      7      8      9
10     11     12     13     14     15     16
17     18     19     20     21     22     23
24     25     26     27     28     29     30
31
```

图 4-3　日期与星期的对应关系

若将每个月 1 日对应的星期设为 wd，其中周日对应 wd=0，周六对应 wd=6。案例 4-3 程序代码如下：

lect4_4.py

```
1   #计算 2021 年 1 月的日期与星期的关系
2   from lect4_3 import *
3   year=int(input('please input year:')) #输入年份并将其转化为整数
4   month=int(input('please input month:'))#输入月份并将其转化为整数
5   days_i_m=days_in_month(year, month) #调用函数计算月份天数
6   week_list=['SUN','MON','TUE','WEN','THU','FRI','SAT']
7   for temp in week_list:
8       print(f'{temp:<7}', end='')
9   blank='' #定义空字符串
10  out_str=''
11  wd=5   #2021 年 1 月 1 日为星期五，打印则推后 5 天的位置
12  for i in range(days_i_m+wd):
13      pd=i+1-wd
14      if i%7==0:
```

```
15              if pd>0:
16                  bl_str=f'\n{(pd):<7}'
17              else:
18                  bl_str=f'\n{blank:<7}'
19          else:
20              if pd>0:
21                  bl_str=f'{(pd):<7}'
22              else:
23                  bl_str=f'{blank:<7}'
24          out_str=out_str +bl_str
25      print(out_str)
```

案例导读

lect4_4.py 文件的第 12～24 行是生成一个格式化的字符串，每 7 天换一行。

第 12 行打印的范围由当月天数拓展到当月天数+wd，通过第 13 行 pd=i+1-wd 修正打印的日期。pd 的值小于 0 时不能打印出来，即只打印占位符（空格），程序中通过 if 语句进行判断。

案例 4–4　完成万年历

如何计算 wd 呢？观察月历可以发现，日期对应于星期的规律是 7 天一个循环，那么只要知道某年份的 1 月 1 日对应的星期，然后用累计天数对 7 求余的方法就可以知道任意一天对应的星期。

本案例以 1901 年 1 月 1 日星期二为起点，输入年份和月份，计算 1901 年至指定的年月的天数，计算出当月 1 号与星期的对应关系，然后打印当月的月历。

案例 4-4 万年历程序分两个文件：lect4_5.py 负责打印月历；lect4_6.py 负责计算指定年月的 1 号对应的星期。程序代码如下：

lect4_5.py

```
1   #打印月历
2   from lect4_6 import *
3   year=int(input('please input year:')) #输入年份并将其转化为整数
4   month=int(input('please input month:'))#输入月份并将其转化为整数
5   days_i_m=days_in_month(year, month) #调用函数计算月份天数
6   wd=week_day(year, month)
7   print(wd)
8   week_list=['SUN','MON','TUE','WEN','THU','FRI','SAT']
9   for temp in week_list:
10      print(f'{temp:<7}', end='')
11  blank=''
12  out_str=''
```

```
13    for i in range(days_i_m+wd):
14        pd=i+1-wd
15        if i%7==0:
16            if pd>0:
17                bl_str=f'\n{(pd):<7}'
18            else:
19                bl_str=f'\n{blank:<7}'
20        else:
21            if pd>0:
22                bl_str=f'{(pd):<7}'
23            else:
24                bl_str=f'{blank:<7}'
25        out_str=out_str +bl_str
26    print(out_str)
```

lect4_6.py

```
1     #计算每月 1 号对应的天数
2     days_month=[31,28,31,30,31,30,31,31,30,31,30,31] #用列表记录每个月的天数，二月份暂记为 28 天
3     #判断是否为闰年，是闰年返回 True，否则返回 False
4     def is_leap_year(y):
5         #闰年条件：能被 4 整除，但不能被 100 整除；或者能被 400 整除
6         if y%100 != 0 and y%4 == 0 or y%400 == 0:
7             return True
8         else:
9             return False
10    #计算某月的天数，闰年的二月 29 天，其他月份从列表中获取天数（days_month）
11    def days_in_month(y, m):
12        if is_leap_year(y) and m==2:
13            return 29
14        else:
15            return days_month[m-1]
16    #计算当年 1 月至（m-1）月的天数
17    def totaldays_before_month(y, m):
18        sum = 0
19        i = 0
20        while i < m-1:
21            sum += days_in_month(y, i)
22            i += 1
23        return sum
24    #计算 1901 年至(y-1)年的天数，闰年 366 天，平年 365 天
25    def totaldays_before_year(y):
26        sum = 0
27        for i in range(1901, y):
28            if is_leap_year(i):
29                sum += 366
30            else:
```

```
31                  sum += 365
32          return sum
33  #计算当月 1 号与星期的关系
34  def week_day(y, m):
35          sum = totaldays_before_year(y) + totaldays_before_month(y, m)
36          return (sum +2) % 7   #1901 年 1 月 1 日为星期二，打印则推后两天的位置
```

案例导读

（1）lect4_5.py 文件中的第 5 行调用 lect4_6.py 中的 days_in_month()函数计算该月的天数，第 6 行 week_day() 函数计算当月 1 号对应的星期。

（2）lect4_6.py 在 lect4_3.py 判断闰年、计算当月天数的基础上，增加了如下 3 个函数：

- 计算当年 1 月至（m-1）月的天数：totaldays_before_month()。
- 计算 1901 年至（y-1）年的天数：totaldays_before_year()。
- 计算当月 1 号与星期的关系：week_day()。

小结

本章利用万年历项目，分 4 个阶段演示了迭代增量的开发方法，读者可以体会开发的各个阶段间的迭代关系，而每个开发阶段也利用了迭代方式。开发就是“猜想，计划”“尝试，实现”“测试，反思”“修正，提高”的过程，迭代即是由简到繁“生长”的过程。

在软件开发领域出现过许多开发方法，例如传统的瀑布模型，现代的敏捷开发、极限编程等，迭代增量只是其中一种易于掌握的开发方法，其关键优势如下：

（1）每次迭代完成后，都要交付一个可运行的项目，容易评估项目完成水平。

（2）各次迭代目标的焦点（阶段性的中心）明显、易理解、易达到。

（3）降低开发风险，可以持续部署和测试，代码复用率高。

本章开发的程序每次运行只能输出 1 次月历，如何修改程序实现每次运行可以输出任意多次月历呢？请读者自行完成一次迭代。

练习四

1．请完善本章案例：若输入的年份不合规范则让用户重新输入。

2．请完善本章案例：输入年份后能打印该年份的全年月历。

3．编程实现：输入一个字母，判断该字母若是大写则输出它的小写形式，反之输出大写形式。

4．编程实现：输入一个小于 10 的整数 n，输出以 n 为直径的圆的图形，图形由所输入的数字进行适当填充。

第 5 章　元组、字符串、字典和文本文件

在前面的开发过程中多次强调：程序开发不但要注意算法，还要注意数据的组织形式。从某些方面考虑，甚至可以将程序开发看作对数据的加工，比如字处理软件，如果把文档看作数据，那么编辑文档的过程就是用各种函数（菜单上的功能函数和键盘响应函数）维护数据的过程。既然数据这么重要，那就需要学习几种常用的组织和处理数据的工具，这些工具包括元组、字符串和字典等。处理完成后可以利用文件读写功能将加工好的信息保存至磁盘并被程序再次加载。本章内容包括：

（1）元组的声明和使用。

（2）字符串的连接、格式化、转换、分割。

（3）子集的选择——切片运算。

（4）快速搜索的利器——字典。

（5）利用文件存储字符串。

（6）字符串与列表转换。

（7）文本文件的读写。

案例 5–1　利用元组（tuple）查找数学常量

与列表相似，元组也是一个线性集合，但它是直接元素不可更改的集合，即它的元素值、元素数量都不可更改。元素不可更改是元组与列表的最大区别。

Python 没有常量，可以利用元组的不可更改特性来记录数学常量，案例 5-1 实现利用元组记录和查找数学常量，代码如下：

lect5_1.py

```
1	#查找数学常量的符号和数值
2	constant_name_chinese=('圆周率','指数常数','黄金比例','黄金角','欧拉常数')
3	constant_name_english=('π','e','Φ','≌','γ')
4	constant_value=(3.14,2.718,0.618,137.5,0.577)
5	temp=input('请输入要查找的常量名：')
6	i = constant_name_chinese.index(temp)
7	print(f'符号：{constant_name_english[i]}')
8	print(f'值：{constant_value[i]}')
```

案例导读

第 2～4 行创建元组，用元组存放数学常量名称、符号和数值。tup=()是创建空元组。元

组内的值数据类型可以一致，也可以不一致。元组的括号内一定要有逗号，如(1,)为元组，(1)为整数。

第 6 行是定位元素在元组中的位置，index()函数的返回值是元素在元组中的下标索引值，若找不到该元素则返回信息 ValueError: tuple.index(x): x not in tuple。

第 7 行和第 8 行是访问元组，即返回指定元组下标索引位置的元素，若下标索引值越界则返回信息 IndexError: tuple index out of range。

知识梳理与扩展

1. 创建与访问元组

使用小括号创建元组，只需要在括号中添加元素并使用逗号隔开即可；可以使用下标索引来访问元组中的值。示例代码如下：

```
tuple1= tup2 = (1,2,3,4,5)
print(tuple1[2])         #输出 3
print(tuple1[2:4])       #输出 3、4、5
print(tuple1[-2])        #输出倒数第 2 个元素：4
print(tuple1[2:])        #截取(3, 4, 5)
```

2. 元组运算符

元组之间可以使用+号和*号进行运算，实现组合和复制，运算后会生成一个新的元组，示例代码如下：

```
temp=(1, 2, 3) + (4, 5, 6) #结果为(1, 2, 3, 4, 5, 6)
temp=('Hi!',) * 4 #结果为('Hi!', 'Hi!', 'Hi!', 'Hi!')
temp=3 in (1, 2, 3) #结果为 True
for x in (1, 2, 3): #结果为换行，分别输出 1、2、3
    print(x)
```

3. 元组内置函数

- 比较两个元组元素：cmp(tuple1, tuple2)。
- 计算元组元素个数：len(tuple)。
- 返回元组中元素最大值：max(tuple)。
- 返回元组中元素最小值：min(tuple)。
- 将列表转换为元组：tuple(seq)。

4. 修改元组的值

MATH_CONST_VALUE=(3.1415,2.71828)，元组 MATH_CONST_VALUE 中包含了圆周率和自然对数的底两个常数，使用中若试图改变元组中的这两个元素值或加减元素数量，程序会出现错误。例如下面为执行一条语句及相应的报错信息：

```
MATH_CONST_VALUE[1]=2.7
TypeError: 'tuple' object does not support item assignment
```

由上可以看出，定义元组后虽然可以使用索引对元组进行访问，但是当执行语句

MATH_CONST_VALUE[1] =2.7 试图修改元组索引为 1 的元素的值时，系统报出错误信息 'tuple' object does not support item assignment，即元组不支持元素赋值。

元组的这个特点正好可以“弥补”Python 没有常量的“遗憾”。程序中不需要修改的数据都可以声明在元组中，比如本例的元组元素就是“数学常量”。

编程是一个创造性工作，千万不要束缚自己的思维。下面看看如何“绕过”规则修改元组中的数据。若有下面定义：

```
MATH_CONST_VALUE=([3.1415],[2.71828])
```

那么观察下面语句组的执行结果：

```
MATH_CONST_VALUE=([3.1415],[2.71828])
print(MATH_CONST_VALUE[0][0]) #输出 3.1415
MATH_CONST_VALUE[0][0]=3.14
print(MATH_CONST_VALUE[0][0]) #输出 3.14
```

可以看到，上面的代码修改了元组中圆周率的值，原因是，这次定义的元组中的元素是列表，而列表的元素可以改变，所以前面特别提到“元组是直接元素不可改变的集合”，而在这里我们没有修改“直接元素”。

这种特殊性在编程中有用吗？当然有用，这样定义的元组可以用来定义程序通信的接口，因为此结构既规定了接口数据的数量，又允许对方修改数据的值。

案例 5-2　利用字典（dictionary）统计工作量

数据是计算的对象，面对大量的数据，最迫切的需求就是在数据集合中找到某个特殊的数据。Python 提供了“字典”这种数据集合存储数据，同时可对存储于字典中的数据进行快速的定位，而不需要在数据集中遍历匹配。

字典中的数据关键的特性是 Key-Value（键-值）对，即每个数据都要提供一个 Key（键），而字典正是用 Key 来标志和定位 Value（数据）的。Python 允许使用任何不可变的数据作为 Key，即通常我们使用的数字和字符串。字典中的 Key 必须唯一，Value 可以重复。Python 的字典利用 Key-Value 机制对存入字典的数据进行快速查找定位。

案例 5-2 利用字典统计个人工作量。用字典记录车间工人的工作量，但是每天安排的工人及其工作量是不定的，利用字典的 Key-Value 特性统计工人的工作总量，代码如下：

lect5_2.py

```
1    #统计每个工人一周的工作量
2    total_workload={} #定义空字典，用于记录个人的工作量
3    #用字典记录一周五天的工人的工作量，每天的工人有变化，字母表示编号，数字表示工作量
4    day_workload={'Mon':{'A':8,'B':7,'C':5,'D':10,'E':7},
5                  'Tue':{'A':9,'C':5,'D':7,'E':8,'F':8},
6                  'Wed':{'C':8,'B':7,'D':7,'F':6},
7                  'Thu':{'A':6,'C':8,'D':9,'E':7,'F':6},
```

```
8                  'Fri':{'D':7,'E':8,'C':9}}
9   #访问字典
10  for item in day_workload:
11      print(item,day_workload[item]) #输出每天的工作量
12      for worker in day_workload[item]:
13          print(worker,day_workload[item][worker])  #输出周一到周五每个工人的工作量
14  #统计每个工人的总工作量
15  for item in day_workload:
16      for worker in  day_workload[item]:
17          if worker in total_workload:
18              total_workload[worker]+=day_workload[item][worker]
19          else:
20              total_workload[worker] =day_workload[item][worker]
21  for worker in total_workload:
22      print(f'{worker}:{total_workload[worker]}',end=' ')
```

案例导读

lect5_2.py 文件的第 2 行定义一个空字典，用于记录工人的工作总量。

第 4～8 行定义字典，记录周一至周五每个工人的工作量，键是字符串，值是字典。

第 10～13 行是访问字典，第一层循环输出每天的工人工作量，第二层循环输出每个工人的工作量。

第 15～20 行统计工人总的工作量，读取每天的工人编号及其工作量，在 total_workload 字典键中查找该工人编号，若存在该编号则累加工作量，若编号不存在则增加编号及工作量。

第 21 行和第 22 行是输出统计好的工作量。

知识梳理与扩展

1. 创建字典

```
score={'math':85,'english':78,'physic':95,'history':82,'chemistry':70}     #用{}创建字典
a = dict([['website', 'finthon.com'], ['number', 520]])                   #用 dict 创建字典
x = ['name','age','job']
y = ['陈丽','18','teacher']
e = dict(zip(x,y)) #{'name'：'陈丽','age'：'18','job'：'teacher}            #用 zip 创建字典
```

2. 访问字典

```
print(score['history'])          #获取字典的值：82
score['history']=80              #更改字典的值
print(len(score))                #字典的长度：6
score['sportsactivities']=93     #增加字典的值
del(score['math'])               #删除字典中的单个键值 math：85
```

3. 字典方法

```
dict.clear()        #清空字典内所有元素
key in dict         #如果键在字典 dict 里返回 True，否则返回 False
```

```
dict.items()        #以列表返回可遍历的(键,值) 元组数组
dict.keys()         #返回一个迭代器，可以使用 list() 来转换为列表
dict.values()       #返回一个迭代器，可以使用 list() 来转换为列表
dict.pop(key, default)  #删除字典给定键 key 所对应的值，返回值为被删除的值。key 值必须
                        #给出，否则返回 default 值
score={'math':85,'english':78,'physic':95,'history':82,'chemistry':70}
print(score.values())   #输出值为列表[85, 78, 95, 82, 70]
print(score.items())    #输出值为[('math', 85), ('english', 78), ('physic', 95), ('history', 82), ('chemistry', 70)]
print(score.keys())     #输出值为['math', 'english', 'physic', 'history', 'chemistry']
```

与列表、元组不一样，字典属于无序集合，也可以用 sorted()函数按 key 或按 value 排序。

案例 5-3　利用字符串（string）处理日志

字符串序列用于表示和存储文本（许多单个子串组成的序列），Python 中字符串是不可变对象。

字符串是每个开发者都需要认真学习的数据类型，因为在输入、输出、存储、传输等方面，字符串是最直观的数据。案例 5-3 的代码如下：

lect5_3.py

```
1    #利用字符串处理日志
2    log='''Dec 17 09:37:56 localhost chronyd[5984]: Can't synchronise: no selectable sources
3    Dec 18 09:37:57 localhost chronyd[5984]: Source 193.182.111.14 offline
4    Dec 18 09:37:57 localhost chronyd[5984]: Source 5.79.108.34 offline
5    Dec 19 09:37:57 localhost nm-dispatcher: req:2 'down' [ens33]: start running ordered scripts...
6    Dec 19 09:37:57 localhost systemd: Stopped LSB: Bring up/down networking.
7    Dec 19 09:37:57 localhost NetworkManager[5927]: <info>    [1608514677.6188] device (lo): carrier:
         link connected
8    Dec 19 09:37:57 localhost network: 正在打开环回接口：  [  确定  ]
9    Dec 20 09:37:56 localhost network: 正在关闭环回接口：  [  确定  ]
10   Dec 20 09:37:56 localhost chronyd[5984]: Forward time jump detected!
11   Dec 21 09:37:57 localhost systemd: Started LSB: Bring up/down networking.'''
12   #输出每一行日志
13   i=0
14   temp=log.split('\n') #用 split('分割标志字符')分割字符串，返回值为列表
15   print(temp)   #输出列表 temp（一行）
16   for t in temp:   #输出每一行
17       print(f'第{i}行：{t}')
18       i+=1
19   #统计每一天的日志条数
20   day_log={} #定义字典记录每天的日志条数
21   for t in temp:
22       time=t[0:6]
23       print(time)
24       if time in day_log:
25           day_log[time]+=1
26       else:
```

```
27                day_log[time]=1
28      print(day_log)
29      #统计与 network 有关的日志条数
30      i=0
31      for t in temp:
32          if t.find('network')!=-1:
33              i+=1
34      print(f'与 network 有关的日志共{i}条')
```

案例导读

第 2～11 行是日志文件的一部分，以字符串形式进行记录。

第 14 行用 split()函数将字符串分行，返回值是列表。

第 16～18 行是统计行数。

第 21～28 行是统计每天的日志条数。

第 30～34 行是统计与 network 有关的日志条数。

知识梳理与扩展

1. 创建字符串

字符串是 Python 中最常用的数据类型，创建字符串很简单，只要为变量分配一个值即可：

```
a = 'Python'       #单引号（' '），创建字符串
b = "teaching"     #双引号（" "），创建字符串
c = '''            #连续 3 个单引号，创建多行字符串
    第一行
    第二行
  '''
```

2. 访问字符串

Python 中访问子字符串时，可以使用方括号来截取字符串。

```
a = 'Python'
Print(a[0])        #输出 P
Print(a[1:])       #截取索引从 1 开始至结尾的字符串，输出结果为 ython
```

3. 字符串运算符

字符串运算符见表 5-1。

表 5-1 字符串运算符

操作	描述	实例
+	字符串连接	print(a+b) #teachingPython
*	重复输出字符串	print(a*2) #PythonPython
[]	通过索引获取字符串中的字符	print(a[1]) #y
[:]	截取字符串中的一部分	print(a[1:4] #ytho
in	成员运算符，如果字符串中包含给定的字符返回 True	print("t" in a True) #True
not in	成员运算符，如果字符串中不包含给定的字符返回 True	print("M" not in a True) #False

在 Python 中字符串可以用'单引号'和"双引号"标志，对于跨行的字符串可以用“三引号”（'''三个单引号'''）标志。

Python 的字符串操作十分简单，这里为读者介绍几个常用的字符串函数。

（1）求字符串长度。

```
len(str)  #此函数返回一个表示字符串长度的整型数
```

（2）替换字符串的部分内容。下例将字符串"AACBBBCAA"中的"BBB"替换为"AAA"。

```
print "AACBBBCAA".replace("BBB","AAA")    #结果为 AACAAACAA
```

（3）字符串比较，注意下面语句的执行结果。

```
cmp("beiping","beijing")    #1
```

执行结果为 1，表示字符串"beiping"“大于”字符串"beijing"，原因是 p 的 ASCII 码值大于 j 的 ASCII 码值。

```
cmp("beijing","beijing")  #0
```

执行结果为 0，表示两个字符串相同。

```
cmp("beijing","beiping")  #-1
```

执行结果为-1，表示字符串"beijing"“小于”字符串"beiping"，原因是 p 的 ASCII 码值大于 j 的 ASCII 码值。

（4）在字符串中查找子串并返回子串的起始位置。

```
print "China beijing".find("bei") #6
```

执行结果为 6，表示"bei"在"China beijing"中的第 6 个字符开始的地方被找到。

（5）大小写转换。

```
stru="beijing".upper()
print(stru)         #BEIJING
strl=stru.lower()
print (strl)        #beijing
```

（6）去空格。

```
"    China,beijing,chaoyang    ".strip()       #结果为'China,beijing,chaoyang'，去掉了两边的空格
"    China,beijing,chaoyang    ".lstrip()      #结果为'China,beijing,chaoyang    '，只去掉了左边的空格
"    China,beijing,chaoyang    ".rstrip()      #结果为'    China,beijing,chaoyang'，只去掉了右边的空格
```

（7）按标志分割字符串。

开发中经常需要进行数据分析和协议解析，这时按标志分割字符串就是常用的功能，请看以下代码：

```
"China,beijing,chaoyang".split(",")  #得到的列表为['China', 'beijing', 'chaoyang']
```

从例句可以看到，字符串用 split('分割标志字符')来将字符串分割成若干部分，将分割结果放入列表，然后开发者就可以使用列表的处理方法引用各部分。若将上述代码改为

```
"China,beijing,chaoyang".split("a")
```

则得到 4 个元素的列表：['Chin', ',beijing, ch','oy','ng']。

案例 5-4 文本文件的读写

字符串是一个重要的数据类型，因为其通俗易懂，所以经常被用来“简单而快捷”地存储信息，但字符串不能持久地存储。为了持久存储数据，常用的方法是将其他数据结构转换成字符串，然后将字符串直接保存在文件中（此类文件称为文本文件）。进行文本文件读写的重要方法：打开文件、关闭文件、读文件、写文件、附加。案例 5-4 定义了读文件 readfile()、写文件 writefile()及向文件添加内容 appendfile()等函数，通过调用这些函数读取文件、将字符串写入文件及附加到文件末尾。相应的程序代码如下：

lect5_4.py

```
1    #文本文件读写
2    #定义多行读文件的函数
3    def readfile(mfn):
4        fp = open(mfn, "r")
5        wls = fp.readlines()
6        fp.close()
7        return wls
8    #定义多行写文件的函数
9    def writefile(mfn, words):
10       fp = open(mfn, "w")
11       fp.writelines(words)
12       fp.close()
13   #定义附加字符到文件的函数
14   def appendfile(mfn, appendendstr):
15       fp = open(mfn, "a")
16       fp.writelines(appendendstr)
17       fp.close()
18   #自定义字符串 words
19   words = """
20       #-blue-蓝色（的）
21       #-green-绿色（的）
22       #-red-红色（的）
23       #-yellow-黄色（的）
24       #-orange-橘色（的）
25       #-purple 紫色（的）
26       #-white 白色（的）
27       #-black 黑色（的）
28       #-brown 棕色（的）
29       """
30   #自定义字符串 append_words
```

```
31    append_words='''
32          #-dog-狗
33          #-cat-猫
34          #-mouse-老鼠
35          '''
36    filename="word.txt" #在程序的当前目录定义文件名
37    writefile(filename,words) #调用函数将字符串写到文件中
38    fl=readfile(filename) #读取文件
39    print(fl)
40    appendfile(filename,append_words) #调用方法将字符串附加在文件末尾
41    f2=readfile(filename) #读取文件
42    print(f2)
```

案例导读

（1）在 lect5_4.py 文件中，第 3～7 行定义读文件函数 readfile(file)。在 readfile 函数中，参数 file 是想要读取的文件名；第 4 行利用 open 函数打开文件，注意 open 函数中参数'r'的含义是以“只读”方式打开文件；第 5 行的 readlines 函数把文本文件按行分割，并产生一个以每一行文本为一个元素的列表；第 6 行是关闭文件；第 7 行向主调函数返回包含文件内容的列表。

（2）第 9～12 行为的 writefile 函数定义，第 10 行的 open 函数利用'w'参数以“只写”的方式打开指定文件，之后第 11 行调用 writelines 函数将字符串 words 写入文件，其中包括 words 字符串中的每一个“换行符”。

除了 readlines()和 writelines()函数，Python 还提供了 read(count)和 write(str)函数进行文件读写。

- read(count)函数读取文件中的 count 个字符。例如文件的内容是"Beijing China\n"，那么执行 str=read(7)之后，str 的值是"Beijing"。
- write(str)是将字符串 str 写入文件的当前位置。例如文件的内容是"Beijing China\n"，如果用'a'（添加）方式打开文件后执行三次 write("123")，那么文件的内容就是"Beijing China\n 123123123"。

（3）第 14～17 行是附加字符到文件末尾的函数 appendfile(file, appendendstr)。

知识梳理与扩展

1. 文件的打开方法

案例 5-4 利用 open 函数打开文件。open 函数中参数'r'的含义是以“只读”方式打开文件；参数'w'的含义是以“只写”方式打开文件。此类参数还有许多，具体见表 5-2，表中带 b 的打开方式是以二进制方式打开文件，不带 b 的均为以文本方式打开文件。

表 5-2 文件的打开方式

open()的模式	功能
r	以只读方式打开，文件指针指向文件头
rb	以二进制只读方式打开，文件指针指向文件头
r+	以读写方式打开，文件指针指向文件头
rb+	以二进制可读写方式打开，文件指针指向文件头
w	以只写方式打开，如有旧文件则替换
wb	以二进制只写方式打开，如有旧文件则替换
w+	以读写方式打开，如有旧文件则替换
wb+	以二进制可读写方式打开，如有旧文件则替换
a	以写方式打开，文件指针指向文件尾，便于添加操作
ab	以写方式打开二进制文件，文件指针指向文件尾，便于添加操作
a+	以读写方式打开文件，文件指针指向文件尾
ab+	以二进制读写方式打开文件，文件指针指向文件尾

2. 指定读取字符数与字符位置

在文件操作过程中，read 函数可以让调用者指定需要读出的字符数目，例如，read(n)即从当前位置向后读出 n 个字符，而这时文件指针指向第 n+1 个字符。我们也可以利用 seek 函数移动文件指针，其原型是 seek(offset,wheence)，其中，offset 是移动的字符数，可以是正数也可以是负数，分别代表向文件尾或向文件头移动；wheence 是移动的起始位置，取值可以是 0、1、2，0 代表文件头，1 代表当前位置，2 代表文件尾。另外，可以用 tell()函数返回文件指针的当前位置。

3. 相关的文件、目录操作

实际应用中对文件的操作过中还可能需要对文件系统进行操作，例如，在打开某文件前需要确定当前目录中是否包含想打开的文件，可能还需要判断文件类型、统计文件数量、判断是目录还是文件、递归读取目录中的所有文件等，完成这些功能需要引入 os.py。读取指定目录中的所有文件和子目录中的文件的代码如下：

lect5_5.py

```
1    #打印一个目录下的所有文件夹名和文件名
2    import os
3    file_total = 0
4    def printPath(level, path):
5        global file_total #全局变量
6        #所有文件夹，第一个字段是次目录的级别
7        dir_List = [] #定义列表存放目录
8        file_List = []#定义列表存放文件
9        files = os.listdir(path) #读取系统目录
```

```
10          dir_List.append(str(level)) #先添加目录级别
11          for f in files:
12              if (os.path.isdir(path + '/' + f)):
13                  #排除隐藏文件夹，因为隐藏文件夹过多
14                  if (f[0] == '.'):
15                      pass
16                  else:
17                      dir_List.append(f) #添加非隐藏文件夹
18              if (os.path.isfile(path + '/' + f)):
19                  file_List.append(f) #添加文件
20                  #当一个标志使用，文件夹列表第一个级别不打印
21          i_dl = 0
22          for dl in dir_List:
23              if (i_dl == 0):
24                  i_dl = i_dl + 1
25              else:
26                  print(f'{"-" * (int(dir_List[0]))}{ dl}')
27                  #打印目录下的所有文件夹名和文件名，目录级别+1
28                  printPath((int(dir_List[0]) + 1), path + '/' + dl) #递归
29          for fl in file_List:
30              #打印文件名
31              print( f'{"-" * (int(dir_List[0]))}{fl}')
32              #计算有多少个文件
33              file_total = file_total + 1
34      printPath(0,'./') #调用方法
35      print(f'总文件数:{ file_total }')
```

常用的与文件和目录操作有关的函数如下：

（1）获得当前目录的名称。

```
os.getcwd(path) #返回值当前的绝对路径
```

（2）获得当前目录的文件和子目录列表。

```
listdir(path_str)        #函数的返回值是一个列表，列表中包含路径 path_str（字符串变量）下所有文件
                         #和目录的名称
```

（3）文件改名。

```
os.rename( "old_file_name", " new_file_name " )    #将文件的旧名称改成新名称。注意，改文件名要
                                                   #考虑异常问题
```

（4）判断是文件还是目录。

```
os.path.isdir(file)      #判断是否为目录
os.path.isfile(file)     #判断是否为文件
```

小结

本章介绍了三种集合型的数据类型，加上前面介绍的列表，现在已经学习了列表、元组、字符串和字典四种数据类型，它们的特点总结见表 5-3。

表 5-3 四种集合数据类型的特点比较

类型	子集类型	动态增减	元素修改	顺序	查找子集效率
列表	任意	可	可	有序	低
元组	任意	否	否	有序	低
字典	任意	可	可	无序	高
字符串	字符	可	可	有序	低

列表、元组、字符串三种有序集合可以进行“切片”处理。切片就是从集合中找出需要的子集，例如在字符串中取出子串等。鉴于篇幅所限，本章没有详尽列出所有切片计算方法，这些方法不需要死记硬背，而且随着应用的增多，也会出现新的切片计算方法，读者需要不断熟悉并多注意网络中的更新信息。

Python 中还有一种 Set 型数据，其相当于每个数据记录都是字典中的 Key＋Value，所以 Set 中不存在 Key，且不存在相同的数据记录。

由于字符串在处理数据方面有非常大的便利性，因此开发者可以利用文本文件将信息以字符串的形式加以保存和调取，这也是常用的方法。

练习五

1．员工信息包括员工编号（ID）、姓名（Name）、职务（Title）、电话（Phone），试开发一个有人机界面的程序，其能够完成以下功能：

（1）添加新员工信息。

（2）列表打印所有员工信息。

（3）输入一个员工编号可输出该员工的所有信息。

提示：本程序用元组设计界面与员工信息表的表头，每个员工信息用列表存储，利用字典组织数据集合。

2．利用文件实现将第 1 题增加的人员信息可以在磁盘上进行保存和读取。

3．根据本题给出的信息表（表 5-4），设计一个字典结构并完成信息的查询和存储功能。具体要求如下：

（1）设计一个字典，要求能以最方便的形式查询每个部门所包含的人员。

（2）改进字典结构的设计，在问题 1 的基础上实现输入编号即可查出人员信息。

（3）写一个函数，实现可以向字典添加数据。

（4）写一段程序，提供信息存储功能，能将字典存入磁盘文件并恢复成字典形式。

（5）为本项目添加一个人机交互界面，能够提示用户进行以下操作：新建数据文件，打开文件，保存文件，查询人员信息，退出程序。

表 5-4　信息表

编号	姓名	性别	部门
201	张三	男	销售
302	李四	男	设计
503	王红	女	广告
504	赵颖	女	广告
205	韩方	女	销售
306	魏源	男	设计

4．有一个单词表以字符串形式表示如下：

```
words=    '''#-blue-蓝色（的）
           #-green-绿色（的）
           #-red-红色（的）
           #-yellow-黄色（的）
           #-orange-橘色（的）
           #-purple-紫色（的）
           #-white-白色（的）
           #-black-黑色（的）
           #-brown-棕色（的）'''
```

编写程序：提示中文，要求用户输入英文，判断用户的拼写是否正确。

提示：一个具体甚至复杂的应用大都可以使用简单的技术组合解决，例如：将单词表读入系统的操作由文件读写函数完成，其结果是得到一个字符串列表；遍历列表可以得到形如“#-red-红色（的）”的字符串，这时利用字符串分割就可以得到独立的中文和英文了；利用 if 语句可判断单词拼写的对错。

5．修改第 4 题，设计一个字典，能够记录拼错的单词和该单词被拼错的次数。

6．在第 4 题和第 5 题的基础上实现能够保存拼错的单词列表功能；按照要求生成新的拼错单词的文件，例如实现“输出累计拼错 3 次以上的单词列表”功能。

第 6 章　面向对象的类与对象应用

面向对象（Object Oriented，OO）为一种软件开发方法，与传统的“面向流程或结构”方法相比，该方法不但提高了开发效率，而且降低了开发成本，使软件开发更利于团队协同作业且易于项目管理，提供了在更高层次构造软件产品的方法，是当代软件产品开发的主流。

Python 是完全支持面向对象的程序设计语言。面向对象的特点在于引入了“类”。类可以理解为新的数据类型，它不但有数值（被称为属性），还有行为（被称为成员函数或成员方法）。数据既然有行为，那么我们希望这种数据能进行自我维护，这样在开发应用时设计者就只需关注数据对设计本身有用的部分而不需要关注其内部实现或维持的细节了。

下面以设计一个研磨豆浆的装置为例，以往的设计方法要关注磨盘、电子元件、元件的连接、机械传动等诸多方面，很烦琐。而面向对象的设计方法是这样考虑的：整个设计分为研磨和电机两部分，且双方的轴的直径一样。电机能自己维护内部事务（比如电、磁、线圈等），该系统对外只提供一根轴、一对电源线，使用者只要将电源线和轴连接正确，那么整个机构就可以按要求研磨豆浆。开发团队如何组成呢？设计者将系统定义为研磨机构和电动机两部分，并规定轴要能对接统一，那这两部分可以由两个团队分别开发，甚至找一个现成的合适的电动机直接装上去用即可。至此读者可体会到面向对象的好处：聚焦应用、屏蔽细节、鼓励复用、团队分工。

本章再次利用第 3 章计算多个不同图形面积的案例来说明类与对象的使用。请读者在不同的结构中体会面向对象开发的特点。涉及面向对象的概念如下：

（1）面向对象的规则：类、对象、成员、公有、私有等。

（2）面向对象的优点：继承、覆盖（重写）、多态、重构等。

案例 6-1　利用面向对象的方法计算三角形面积

本章将利用面向对象的方法计算三角形面积。首先定义类 Triangle，类的内部要定义三角形边长属性、面积属性，定义获取边长的函数、计算面积的函数、输出面积的函数；然后创建对象，用对象名调用定义的方法计算面积、输出面积。案例 6-1 的代码如下：

lect6_1.py

```
1    #利用面向对象的方法计算三角形面积
2    class Triangle:
3        #定义初始化函数
4        def __init__(self,a,b,c):
5            #在__init__中可以定义成员属性，以两个下划线开始命名的属性为私有属性
```

```
6            #私有属性不可在类的外部访问，其他所有的属性都是公有属性
7            self.__a=a
8            self.__b=b
9            self.__c=c
10           self.__area=0
11           self.note="demo"
12       #成员函数不需要从类的外部访问，可以将它们设为私有函数，函数名以两个下划线开始
13       def __acumulate_area(self):
14           #利用“任意两条边的和大于第三边”判断输入的三条边是否能构成三角形
15           if self.__a+self.__b>self.__c and self.__b+self.__c>self.__a and self.__c+self.__a>self.__b:
16               p = 1/2*(self.__a+self.__b+self.__c)
17               self.__area= (p*(p-self.__a)*(p-self.__b)*(p -self.__c))**0.5
18           print("__acumulate_area()方法输出的面积：", self.__area)
19       def get_edg(self):
20           #所有的属性都应该通过成员函数进行处理和访问
21           print('三角形边长：', self.__a, self.__b, self.__c)
22       def get_area(self):
23           if self.__area==0:
24               self.__acumulate_area()
25           print('get_area()输出的面积：',self.__area)
26   print("1.生成一个实例")
27   tri=Triangle(3,4,5) #生成实例 st
28   print("2.打印三条边，测试成员函数可以使用私有属性（或称私有域）")
29   tri.get_edge()
30   print("3.打印面积，由于 get_area 函数调用了__acumulate._area 函数计算面积，说明成员函数
       可以调用私有函数")
31   tri.get_area()
32   print(tri.note+"    changed:    ",end='') #演示从外部访问 public 属性 note
33   tri.note="over"   #修改非私有属性 note 的值
34   print(tri.note)
35   #以下是错误地访问私有属性和使用私有方法
36   #tri.__area=12 #貌似给私有属性赋值，但在下面的运行中会发现这个赋值“无效”
37   #print(tri.__acumulate_area())      #调用私有函数出错：AttributeError: 'Triangle' object has no
                                        #attribute '__acumulate_area"
```

输出结果如图 6-1 所示。

```
1.生成一个实例
2.打印三条边，测试成员函数可以使用私有属性（或称私有域）
三角形边长： 3 4 5
3.打印面积，由于get_area函数调用了__acumulate._area函数计算面积，说明成员函数可以调用私有函数
__acumulate_area()方法输出的面积： 6.0
get_area()输出的面积： 6.0
demo  changed:  over
```

图 6-1　利用面向对象的方法计算三角形面积的程序运行结果

案例导读

lect6_1.py 文件第 2 行用 class 命令声明一个“类”，类名为 Triangle。Python 的书写习惯是将类名的第一个字母大写。

第 4～11 行定义初始化函数。__init__()方法用于实例化构造“对象”。它定义了 4 个私有属性和 1 个公有属性 note。

第 13～18 行定义私有方法__acumulate_area()，用于计算三角形面积。

第 19～21 行定义成员函数 get_edg()，用于输出三角形的边长。

第 22～25 行定义成员函数 get_area()，用于输出三角形面积。该函数调用了私有成员函数__acumulate_area()。

第 27 行是利用类创建对象，tri 是对象名，实际是调用初始化函数__init__(self,a,b,c)并传递了 3 个实参。

第 29 行、第 31 行和第 33 行是用对象名 tri 调用类中非私有成员函数、访问公有成员属性。

知识梳理与扩展

1. 类、属性、方法（成员函数）

类是一种自定义数据类型，是数据和行为（操作）的集合，它可以封装自己的实现细节，而只对外提供操作接口。类在语法中的作用相当于“数据类型”，类似于在编程过程中不能直接使用数据类型处理真正的业务，而是需要声明某种类型的变量。在面向对象设计中，需要先定义类，再将类实例化为“对象”。定义类的过程中，需要一并定义数据成员和方法（函数）成员。

以下格式用来声明一个类：

```
class class_name :
    def __init__(self,…,…):
      pass
    def member_fun1(self,…,…):
        pass
```

上述代码中的缩进格式表达了类的定义范围中包括一系列成员函数。Python 类的属性（数据成员）需要在方法（成员函数）中定义，这体现了 Python 利用赋初值的方式来声明“变量”的风格。这里有个中肯的建议：开发者在__init__(self,…)函数中应将所有成员数据赋初值，这样会形成一个清晰的成员数据的列表，利于项目成员掌握。但是这种做法并不是必须的，因为对 Python 而言，__init__(self,…)方法也不是必须定义的。如果在类的定义过程中定义了该方法，那么在实例化对象的过程中系统将自动使用该方法进行初始化工作；若在类的定义中没有显式地声明该方法，那么系统会默认地完成初始化。由于 Python 是具有“脚本”风格的解释性语言，类的数据成员都要以 self.MemberValueName 的形式表达，因为系统将没有 self 修饰的数据成员确定为全局（global）数据，所以在方法（成员函数）的定义中，参数表中必须带有 self。对于类中的这些特点开发者需要特别注意，否则会引起错误。

利用__init__(self,...)进行初始化和在类中访问全局变量的程序代码如下：

lect6_2.py

```
1      #局部变量和全局变量
2      tt = 25 #全局变量
3      yy = 83
4      class Demo:
5          def __init__(self, x, y):
6              self.a = 2 #局部变量
7              self.b = 3
8              self.c = x
9              self.d = y
10             yy = 9
11         def out(self):
12            print(str(self.a)+' & '+str(self.b)+' & '+str(self.c+tt)+' & '+str(self.d + yy))
13     dl=Demo(4, 5)
14     dl.out()   #输出结果：2 & 3 & 29 & 88
```

在上述代码中，Demo 类定义了__init__(self,...)函数，最值得注意的是，__init__(self,...)函数中的 yy 和 out 函数中的 yy 是不同的变量，__init__(self,...)中的 yy 是在函数中定义的局部变量，而 out 中的 yy 指的是在程序第 2 行（类外部）定义的全局变量。当把__init__(self,...)函数去掉以后，程序代码如下：

lect6_3.py

```
1      #不使用__init__(self,...)函数的类
2      tt = 25
3      yy = 8
4      class demo:
5          def m_set(self):
6              self.a = 2
7              self.b = 3
8          def out(self):
9              self.a += 10
10             self.c = 4
11             self.d = 5
12             yy = 9
13             print(self.a ,'&' , self.b ,'&' , self.c , tt , '&' , self.d , yy)
14     dl=demo()
15     dl.m_set()
16     dl.out() #运行结果：12 & 3 & 4 25 & 5 9
```

lect6_3.py 文件删除了__init__(self,...)函数，于是第 14 行使用了空的构造器实例化 d1 对象，然后调用了 m_set 成员函数和 out 成员函数。注意，变量 a 在 m_set 中定义，而在 out 中再次使用。

比较上述两段代码就可以明白类成员变量、函数变量和全局变量的不同作用域。需要强调的是，在__init__(self,...)函数中声明类的所有属性是非常好的开发习惯。

2. 实例

不能直接使用定义好的类，而只能使用类的实例，就像不能直接使用雕刻的“模具”，而只能使用通过“模具”构造的实例。

3. 封装、公有（成员）及私有（成员）

一般面向对象设计中都有“封装”的概念。封装就是把设计中内部烦琐的细节都“收拾并隐藏”起来，对外只留下供外部调用的成员函数作为“接口”。这样做的目的通俗来说就是“规范使用工具（类、实例），保证工具（类、实例）内部的运作机制不被破坏。系统使用“.”成员操作符访问对象成员，包括属性（数据）和方法（成员函数）。为了实现“规范使用”，一般面向对象语言提供公有（public）和私有（private）两种成员访问权限修饰符。公有的意思就是“可以允许任何人执行、访问”，相反，私有的含义就是“不允许来自外部的访问”，那么自然地，开发人员可以把对外接口的属性设计为公有，把维护自身的机制都定义为私有成员。

但是 Python 中没有真正的公有和私有的机制，默认情况下所有的成员都是公有的，即对成员的访问不设限，但是若在成员名称前面添加下划线__，那么就不能直接访问这个成员了。如程序中的__init__()函数，此函数名的前面有__，则 Python 的解析机制会阻止对__init__()函数的直接调用，但是如果使用函数名带__前缀的函数去访问__init__()函数则不被阻止。

案例 6–2　利用继承和多态计算多种图形的面积

如何利用案例 6-1 计算其他图形的面积（例如矩形、梯形）并且求其面积之和呢？方法可以是初始化一个图形对象（当然不同的图形应该有不同的数据属性），然后使用 get_area 方法返回面积。再展望一下，若都是“图形对象”，每个对象都有 get_area 方法，那么把所有“图形对象”放在一个 list 中，用一个遍历列表的循环调用 get_area 方法就可以计算所有图形的面积了。这比起对每个图形判断种类，再依据图形种类调用不同的面积函数要方便得多，这时就要利用面向对象设计的继承和多态特性。案例 6-2 的代码如下：

lect6_4.py

```
1    #利用继承和多态求多种图形的面积
2    #定义父类 Shape
3    class Shape:
4        def __init__(self):
5            self.area = 0    #在__init__()中可以定义成员属性
6            self.note = "父类 Shape"
7        #在父类中声明公有的成员函数
8        def acumulate_area(self):
9            print('acumulate area in parent')
```

```
10        def get_area(self):
11            if self.area == 0:
12                self.acumulate_area()
13            print(f'面积：{self.area}，在父类对象中统一调用')
14    #定义类 Triangle
15    class Triangle(Shape):   #Triangle 类继承了 Shape 类
16        def __init__(self, a, b, c):
17            #Python 中以下划线__开始命名的属性是私有属性，不可以在类的外部访问私有属性
18            self.__a = a   #在__init__中可以定义成员属性
19            self.__b = b
20            self.__c = c
21            super(Triangle, self).__init__()
22        def get_edge(self):
23            print('三角形边长：',self.__a,self.__b,self.__c)
24        #所有的属性应该通过成员函数来处理和访问
25        def acumulate_area(self):
26            if self.__a+self.__b>self.__c and self.__b+self.__c>self.__a and self.__c+self.__a>self.__b:
27                p = (self.__a + self.__b + self.__c)/2
28                self.area = (p * (p - self.__a) * (p - self.__b) * (p - self.__c)) ** 0.5
29            print(f'三角形面积：{self.area}，在子类 Triangle 中个性地计算')
30    #定义类 Rectangle
31    class Rectangle(Shape):   #继承 Shape 类
32        def __init__(self, a, b):
33            super(Rectangle, self).__init__()
34            self.__a = a   #在__init__中可以定义成员属性
35            self.__b = b
36        def get_edge(self):
37            print('长方形边长：',self.__a,self.__b)
38        #所有的属性应该通过成员函数来处理和访问
39        def acumulate_area(self):
40            self.area = self.__a * self.__b
41            print(f'长方形面积：{self.area}，在子类 Rectangle 中个性地计算')
42    #继承和多态技术的应用
43    print("1.生成一个三角形实例")
44    tri0 = Triangle(3, 4, 5)   #生成子类实例 st
45    print("打印三条边，测试成员函数可以使用私有属性（或称私有域）")
46    tri0.get_edge()
47    print("打印面积，注意子对象 Triangle 继承的 get_area 函数调用了 Triangle 的 acumulate_area 函数
        计算面积，子类对象可以调用父类对象的成员函数")
48    tri0.get_area()
49    print("2.生成一个矩形实例")
50    rect0 = Rectangle(8, 10)   #生成子类实例 st
51    print("打印矩形属性，这说明对象可以用父类（对象）实现共同点，用子类（对象）实现特点")
```

```
52    rect0.get_edge()
53    print("打印面积，由于矩形对象 get_area 函数调用了 acumulate_area 函数计算面积")
54    rect0.get_area()
55    #多态是使用面向对象设计最首要的理由，优势在于利用集合处理对象变得十分简单
56    #不同的图形选择不同的面积算法了，一切都将“自动”地进行
57    print("3.继承一多态")
58    lst_shape = [Triangle(6, 8, 10), Rectangle(4, 5), Triangle(3, 4, 3), Rectangle(2, 6), Triangle(3, 6, 5)]
59    for x in lst_shape[0:-1]:
60        print('4',x.get_area()) #这里不需要判断集合中的图形是什么形状便能使用正确的面积公式计算
```

程序运行结果如图 6-2 所示。

```
1.生成一个三角形实例
打印三条边，测试成员函数可以使用私有属性（或称私有域）
三角形边长： 3 4 5
打印面积，注意子对象Triangle继承的get_area函数调用了Triangle的acumulate_area函数计算面积，子类对象可以调用父类对象的成员函数
三角形面积：6.0，在子类Triangle中个性地计算
面积:6.0, 在父类对象统一调用
2.生成一个矩形实例
打印矩形属性，这说明对象可以用父类（对象）实现共同点，用子类（对象）实现特点
长方形边长： 8 10
打印面积，由于矩形对象get_area函数调用了acumulate_area函数计算面积
长方形面积：80, 在子类Rectangle中个性地计算
面积:80, 在父类对象统一调用
3.继承－多态
三角形面积：24.0，在子类Triangle中个性地计算
面积:24.0, 在父类对象统一调用
4 None
长方形面积：20, 在子类Rectangle中个性地计算
面积:20, 在父类对象统一调用
4 None
三角形面积：4.47213595499958，在子类Triangle中个性地计算
面积:4.47213595499958, 在父类对象中统一调用
4 None
长方形面积：12, 在子类Rectangle中个性地计算
面积:12, 在父类对象中统一调用
4 None
```

图 6-2 利用继承和多态求多种图形的面积程序运行结果

案例导读

lect6_4.py 程序中的重要部分都标注了注释，这个案例的重点是演示面向对象设计的两个重要优势：利用继承来复用代码，利用多态来扩展功能。

第 3 行定义了父类 Shape，并在其中定义了子类共用的属性和函数。

第 8 行和第 9 行定义了公有函数 acumulate_area()，该函数只有 print()语句，并没有真正计算面积。

第 10～13 行定义了公有函数 get_area()，调用 acumulate_area()函数进行输出。

第 15 行定义了类 Triangle，该类继承了父类 Shape。

第 16～21 行定义了初始化函数__init__(self, a, b, c)，继承了父类的初始化函数。

第 25～29 行定义了公有函数 acumulate_area()，该函数覆盖或重写（Override）了父类中的同名函数（修改了父类中的同名函数的功能）。子类中可以使用与父类一样的函数签名（即函数名与参数列表一致），即不同的子类中可以存在不同的“更新了”的 accumulate_area()方法。

第 31 行定义了类 Rectangle，同样继承了父类 Shape。

第 58～60 行定义了一个列表，并且在列表中“分别”插入了新构造的三角形（Triangle）和矩形（Rectangle），使用 x 遍历列表时，并没有显式地指出 x 是三角形还是矩形，但系统自动使用了“正确的”accumulate_area( )方法计算了面积。简单地说，这种将具体实现方式放在子类进行，即“向后兼容”，并自动选择正确的实现手段的方式叫“多态”。

知识梳理与扩展

1. 继承

继承机制可以让子类复用在父类中定义的所有非私有成员，是面向对象设计的优势之一，语法形式如下：

```
class 子类名(父类):
```

Python 还允许子类从多个父类处继承，只要定义时写出父类列表即可，语法形式如下：

```
class 子类名(父类 1,父类 2,...,父类 n):
```

当然父类太多也会带来负担，关于面向对象设计有一种说法：“有”胜于“是”，即需要使用某类时首选是将该类作为本类的成员，如果作为成员不能达到目的，再考虑继承。因为若 A 继承于 B，那么实际上 A 就是某个门类的 B，比如电视和家电、猫和哺乳动物，既可以说猫继承了哺乳动物的特点也可以说猫就是哺乳动物。由于辨析设计原则的篇幅太长，这些原则就留给读者在开发中自己体会了。

2. 重写（Override）

如果需要子类的成员比父类具有特殊性，就可以利用重写机制。重写的语法要求是函数名和参数列表必须相同。

3. 类中需要重写的常用预置方法

在 Python 类的架构中预置了一些方法，用来完成“特殊的常规”任务，开发者可以重写这些方法以满足开发者的需要。这些预置方法见表 6-1。

表 6-1　预置方法

方法名	解释
__init__(self [参数表])	构造器，实例化时会被执行
__del__(self)	析构器，实例被释放并回收实例使用的资源
__str__(self)	定义当开发者执行 str(obj)时，obj 输出的字符串
__cmp__(self, x)	定义 obj 如何比较大小

在实例化对象时，Python 总要调用__init__()方法，如果开发者没有重写__init__()方法，

那么系统就会自动调用默认的__init__()方法，若子类没有__init__()方法，就会自动使用父类的__init__()方法。构造实例时，__init__()方法经常用来传递构造参数。

__del__()方法会在回收、删除对象时被调用，开发者可以把“清理”性质的代码放到该方法中，例如关闭文件、关闭数据库连接等。

4. 重载（Overload）

重载（Overload）与重写（Override）不同：重写是子类的成员方法使用与父类一样的函数签名（即函数名与参数列表一样）；重载的含义是一个类对某方法的实现使用相同的函数名和不同的参数列表（即类型和数量均不同）。例如在用 Triangle 对象计算面积时可以用两种方法：一是利用底乘高除以 2 的方法，需要两个参数；二是利用海伦公式通过三条边求面积，这时需要三个参数。调用方法时，Python 会根据参数寻找合适的函数原型。

5. 多态

多态是指子类在继承父类的过程中重写父类的方法，而当使用父类的引用访问子类时，会调用合适的子类方法。如此方便地实现同一父类的不同子类的个性化功能。

小结

本章讲述了“类”的概念，类是一种有行为的自定义类型，有利于优化程序的结构，并高效地复用代码。类可以“屏蔽”一些细节，让开发人员专注于构建应用的主要业务，使程序构建的角度发生了变化：从“事无巨细，从头到尾”变成“定制构件，组装构件”。

类的基本要点：封装、继承、多态。

- 封装。封装指类的外部不能直接使用类的成员，而在类的内部，成员之间可以互相访问。Python 的类在定义成员和成员之间互相访问时要使用关键字 self。
- 继承。继承是“类”不同于其他“数据类型”的特点，一方面子类可以自动拥有父类的行为，另一方面子类是对父类功能的扩展，这种机制非常有利于复用代码，提高开发效率。同时父类可以被看作子类的“抽象”，相反子类是父类的“具象”。例如，“鸟”就是“鸽子”“猫头鹰”“乌鸦”的父类和“抽象”，而“鸽子”“猫头鹰”“乌鸦”是“鸟类”的具象。我们可以把“子类”看作“父类”，而反之则产生逻辑错误，例如“鸽子”“猫头鹰”“乌鸦”都可称为“鸟”，反之则不成立。
- 多态。多态指现实中一个父类的不同子类对父类的一个行为可以有不同的实现方式。假设上面的“鸟”类有一个行为是“叫”，它的实现方式是“叽叽喳喳”；而其子类“鸽子”“猫头鹰”“乌鸦”对“叫”这个行为可以有不同的实现方式，分别定义为“咕咕”“哇哇”“呀呀”，当提到“鸽子”“叫”时，就不再使用“叽叽喳喳”了，而直接使用“咕咕”。多态即父类的不同子类对父类的行为可以进行“重写”，在使用父类的这一行为时各子类可以有不同的实现。注意，“重写”是函数“同名同参”，这是与重载的区别。

类中相同的行为也可以有不同的实现方式，例如计算三角形面积可以用“底乘高除 2”，也可以使用海伦公式通过三条边进行计算，不同的实现方式主要体现在参数不同。

练习六

1．利用重载为 Triangle 编写两个计算三角形面积的方法。

2．定义一个矩形类，其成员方法能够计算并输出矩形的周长和面积。

3．为第 2 题的矩形类开发一个子类，该子类用来描述正方形，要求复用矩形的计算周长和面积的方法。

第 7 章　开发“窗体”风格的程序

Python 提供了多个开发图形界面的库，常用的 Python GUI 库如下:

- Tkinter。Tkinter 模块（Tk 接口）是 Python 标准 GUI 工具包的接口，可以在大多数的 UNIX 平台下使用，同样可以应用在 Windows 和 Macintosh 系统。
- wxPython。wxPython 是一款开源软件，是 Python 语言的一套优秀的 GUI 图形库，允许 Python 程序员很方便地创建完整的、功能健全的 GUI 用户界面。
- pyqt。QT 原本是诺基亚的产品，源代码是用 C++写的，pyqt 是 Python 对 QT 的包装，可以跨平台地根据系统决定本地显示效果。pyqt 控件丰富，函数/方法多，可拖曳布局。

图形界面已被大多数用户接受，现在图形界面的风格基本趋同了，大家已习惯于在各种窗体风格的界面中操作应用程序。其实窗体风格只是一套函数库，和编程能力的学习没多大关系。

本章的重点是利用 Tkinter 开发图形化用户界面（GUI）。使用 Tkinter 开发程序的优势在于代码不经修改就可以无障碍地运行于 Windows、Linux、UNIX 和 Mac OS 系统，甚至其他嵌入式操作系统中。本章只探讨基本控件的使用和一些重要的原则，而对于一些细节和视觉效果的实现留待读者自己去进行挖掘。

本章的内容包括:

（1）frame、grid 和控件布局。

（2）Tkinter 的数据对象（StringVar、IntVar、DoubleVar）。

（3）Tkinter 的基本控件。

（4）Tkinter 中的显示消息对话框。

（5）Tkinter 编程的基本结构与原理。

（6）利用类包装图形化界面。

案例 7-1　在 MessageBox 中显示输入信息

Tkinter 是一套“类库”，用“类”包装图形界面的各种控件和元素，可以通过不断实例化新对象来产生新的窗体控件和图形化元素，并可以利用方法设置控件和元素的属性，这种机制为开发者提供了很大方便。

Tkinter 提供各种控件，如按钮、标签和文本框等，这些控件通常被称为控件或者部件，可在 GUI 应用程序中使用。

THinter 布局指控制窗体容器中各个控件（组件）的位置关系。Tkinter 有三种几何布局管理器，分别是 pack 布局、grid 布局、place 布局。在布局方面，直接设置控件的位置和大小的布局方法比较直观，但是这种方式有一个不足之处，那就是当运行环境的屏幕分辨率发生变化，或程序运行时窗体比例与尺寸发生变化时，界面会产发缺陷，简单地说就是，直接设置控件位置和大小的方式不适合“跨平台”开发。

Tkinter 提供一个强大的机制使开发者可以自由地处理事件。开发者可通过 bind() 函数或控件的 command 属性将组件绑定到具体的事件上。

下面通过一个非常简单的案例（案例 7-1）进入图形化界面的编程。案例 7_1 要求在文本框中输入信息，并在一个 MessageBox 中进行显示。程序运行效果如图 7-1 所示，程序代码见文件 lect7_1.py。

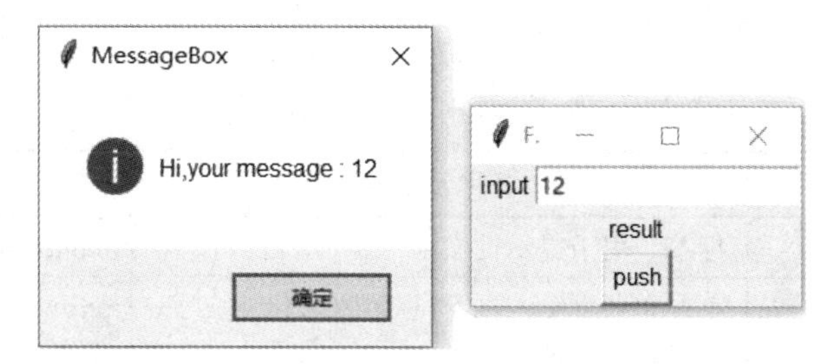

图 7-1 在 MessageBox 中显示的输入信息程序界面

lect7_1.py

```
1    #在 MessageBox 中显示输入信息
2    from tkinter import *
3    import tkinter.messagebox
4    #定义类 VGIAPP
5    class VGUIAPP:
6        def __init__(self):
7            self.root = Tk() #设置一个空窗体
8            self.root.wm_title('First GUI Application') #窗体的标题（title）为 First GUI Application
9            self.frame = Frame(self.root) #定义 Tkinter 中的平面容器控件 Frame，其隶属于 root
10           self.frame.pack() #加载平面容器 frame
11           self.lab00 = Label(self.frame, text="input").grid(row=0, column=0)
12           self.vt00 = StringVar() #定义可变字符串类型
13           self.txt00 = Entry(self.frame, textvariable=self.vt00).grid(row=0, column=1)
14           self.lab00 = Label(self.frame, text="result").grid(row=1, columnspan=2)
15           #定义按钮
16           self.but00 = Button(self.frame, text="push", command=self.ev_but00).grid(row=2, columnspan=2)
17       def ev_but00(self):
18           tx = self.vt00.get()
19           #消息对话框 MessageBox
20           tkinter.messagebox.showinfo('MessageBox', 'Hi,your message : ' + tx)
```

```
21    mapp_v = VGUIAPP() #创建对象
22    mapp_v.root.mainloop() #使程序进入“消息循环”状态
```

本案例运行时，用户在文本框中输入文字以后单击 push 按钮，程序会弹出一个系统内置的标准对话框，显示用户在文本框中输入的文字。MessageBox（消息对话框）也是 GUI 程序常用的控件，经常被用于简短消息的提示。

案例导读

lect7_1.py 第 5～20 行定义了类 VGUIAPP，利用控件和布局管理定义整个程序的界面。

利用 Tkinter 生成窗体的过程：设置一个空窗体（本例命名为 root），空窗体是“真空”，即不包含任何内容，在空窗体上安置一个平面（或框架）作为容器，然后在这个容器内安置各种供用户操作的控件，如文本框、按钮等。案例 7-1 用到的控件见表 7-1。

表 7-1　案例 7-1 用到的控件

控件或编程术语	名称及用途	案例中的实例说明
Label	标签，用于提示性文字	input、result
Entry 或 TextBox	单行和多行输入框，可以输入变化的文字，也可以显示文字	push 文本框中当前输入的文字为 12
Button 或 Command	命令按钮，用来触发一条命令	push
Form Title	窗体标题	First GUI Application

第 7、8 行定义空窗体 root，并设置窗体标题为 First GUI Application。

第 9、10 行为 root 窗体添加容器（注意容器本身也是一种控件），在容器中布置其他控件便于调整控件布局，其实在空窗体上也可以直接放置控件，但是这样做会导致调整和控制控件位置时比较麻烦。Frame 是 Tkinter 中的一个平面容器控件，这种容器支持多种布局方式，该 frame 隶属于 root。使用 pack()函数放置（实际加载）平面容器。

第 11、14 行创建 Label 对象，其实例化方法的第一个参数是指定该控件隶属关系（父亲是谁），比如 frame 的父亲是空窗体 root，第 11、13、16 行 Label、Entry、Button 控件的第一个参数是指定所属父类（父亲都是 frame），第 2 个参数是控件所显示的文字。

第 12、13 行创建 Entry 对象，设置该控件所绑定的 textvariable（文本变量）是 StringVar，其中 StringVar 类型对象 vt00 的值与 txt00 是关联的。Entry()初始化过程中利用 textvariable 设置可变属性时，必须利用 XxxVar 类型对其赋值。例如 IntVar、FloatVar 等。

第 16 行利用“Button”实例化了一个按钮控件，除了指定外观文本是 push 外，还利用 command 参数指定按钮的触发动作调用 ev_but00()函数进行处理。

第 17～20 行定义 ev_but00()函数，从 Entry 获取文本，利用 tkinter.messagebox()方法调用 MessageBox 显示信息。

第 21、22 行生成了类 VGUIAPP 的实例，对象名为 mapp_v，调用 mainloop()方法使程序进入“消息循环”状态。从直观感觉上说，图形界面与字符界面最大的不同在于：字符界面经常是完成任务自动结束；而图形界面总是在等待用户通过键盘和鼠标给予“操作”指令，这种“操作”指令以“消息”的形式传给程序，程序处理完一个消息，再处理下一个消息，直至等来“结束程序”的消息，所以程序运行就是进入“消息循环”。

知识梳理与扩展

1. 用 Tkinter 创建界面

构建窗体的一般过程如下：

（1）导入 Tkinter 模块。

（2）创建空窗体。

（3）为空窗体创建可布局的容器控件，调用 pack()函数控制组件的显示方式。

（4）在容器控件上创建控件。利用实例化 Tk 对象创建空窗体，而其他控件可以利用控件类的实例化方法创建。创建控件的实例化方法通常采用如下形式：

```
新控件名称=控件实例化方法(所属容器名称,控件的文本表示)
```

其中控件的文本表示分两种情况：如果需要静态文本（文本不变化）则使用 text 参数；如果需要动态文本（允许文本改变）则使用 textvariable 参数关联一个 XxxVar 类型的对象，当利用 set 或 get 方法处理 XxxVar 的值的时候，与之关联的 textvariable 的值自动改变。

（5）将每一部分与底层程序代码关联起来。

（6）执行主循环 mainloop()，否则看不到运行结果。

2. Tkinter 的常用控件

使用 Tkinter 开发图形用户界面的程序由控件组合而成。Tkinter 的常用控件见表 7-2。

表 7-2　Tkinter 的常用控件

控件	描述
Button	按钮控件：用于在程序中显示按钮，可以捕获键盘和鼠标事件；可以为每一个按钮绑定一个回调程序处理事件；按钮也可禁用，禁用之后的按钮不能进行任何操作
Canvas	画布控件：用于显示图形元素，如线条或文本
Checkbutton	多选框控件：用于在程序中提供多项选择框
Entry	输入控件：用于显示简单的文本内容，当用户输入的内容一行显示不下的时候，输入框会自动生成滚动条；也可以设置默认值或禁止用户输入
Frame	框架控件：在屏幕上显示一个矩形区域，多用来作为包含一组控件的容器；还可以捕获键盘和鼠标事件进行回调
Label	标签控件：可以显示文本和位图
Listbox	列表框控件：用来显示一个字符串列表
Menubutton	菜单按钮控件：用于显示菜单项
Menu	菜单控件：用于显示菜单栏、下拉菜单和弹出菜单

续表

控件	描述
Message	消息控件：用来显示多行文本（与 Label 类似）
Radiobutton	单选按钮控件：用于显示一个单选按钮，多个单选按钮可以组成一组排他性的选择框（一组单选按钮）
Scale	范围控件：显示一个数值刻度，用于输出限定范围的数字区间
Scrollbar	滚动条控件：当内容超过可视化区域时使用此控件，如列表
Text	文本控件：用于显示多行文本
Toplevel	容器控件：用来提供一个单独的对话框（与 Frame 类似）
Spinbox	输入控件：与 Entry 类似，但是可以指定输入范围值
PanedWindow	窗口布局管理控件：该控件可以包含一个或者多个子控件
LabelFrame	简单容器控件：该控件常用于复杂的窗口布局
tkMessageBox	信息框控件：用于显示应用程序输出的信息

3．利用 command 参数指定控件行为

图形界面中的大多数控件对用户的操作行为有约定俗成的反应，例如“按钮”控件会对 Click 行为做出反应。可以把“行为-反应”的模式称为“事件处理”的过程。实例化控件时 command 参数用来指定处理事件的方法。

建议将处理事件的方法定义成类的成员，可以为不同的事件指定同一个处理方法。需要注意的是调用和定义过程中不能遗漏 self 参数。

4．常用的 MessageBox（对话框）

几乎每个图形界面都有 MessageBox，常用来显示“提示信息”“错误”“警告”“用户选择”等信息。Tkinter 中各种风格的 MessageBox（简称 tkMessageBox）的通用调用形式如下：

```
tkinter.messagebox.FunctionName(title, message [, options])
```

实例代码如下：

```
import tkinter.messagebox
tkinter.messagebox.showinfo("title","msssage",icon=WARNING,type=YESNOCANCEL)
```

上述通用调用形式中 FunctionName（函数名称）及其功能见表 7-3。

表 7-3　各种风格的 tkMessageBox

函数名称	功能
showinfo()	显示信息，这种对话框默认提供一个 OK 按钮
showwarning()	显示警告信息
showerror ()	显示错误信息
askquestion()	显示询问信息
askokcancel()	提问，让用户使用 OK 或 Cancel 按钮进行回答
askyesno ()	提问，让用户使用 Yes 或 No 按钮进行回答
askretrycancel ()	提问，让用户使用 Retry 或 Cancel 按钮进行回答

对于 tkMessageBox，开发者需要注意以下几个方面：

（1）利用 title 参数确定窗口的标题。

（2）利用 message 参数确定窗口信息。

（3）利用 option 参数确定图标和按钮。option 参数分为两部分：icon 和 type，其中 icon 用来控制对话框的图标，type 利用枚举值控制对话框的按钮。

1）理论上 icon 参数可以设定显示 ERROR、INFO、QUESTION、WARNING 四种图标，但因为 tkMessageBox 的函数设定了 showinfo、showerror、askyesno 等情境（表 7-3），开发者选择适当的函数就可以得到希望的图标风格了，即不同的函数对 icon 参数会有不同的选择处理方式。

2）对话框函数的返回值就是用户所单击按钮的枚举值，而缺省的按钮值为 tkMessageBox 的枚举常量，如 ABORT、RETRY、IGNORE、OK、CANCEL、YES 或 NO。开发者也可以使用另一些组合，比如 ABORTRETRYIGNORE、OK、OKCANCEL、RETRYCANCEL、YESNO 或 YESNOCANCEL，通过名字便可理解这些常量的含义（即按钮的配置）。

案例 7–2　显示单词程序的图形界面设计

在本案例中，我们将完成一个图形界面的显示单词程序。程序界面要有中文测试、英文测试、重新测试错词、错词提示等功能选项。用户在“中文测试”“英文测试”两个选项中必须二选一；对于“重新测试错词”“错词提示”这两个选项，则可以同时选择。

本案例重点演示了两种重要的控件，用于“单选”的 Radiobutton 和用于“多选”的 Checkbutton。案例 7-2 的程序运行界面如图 7-2 所示。

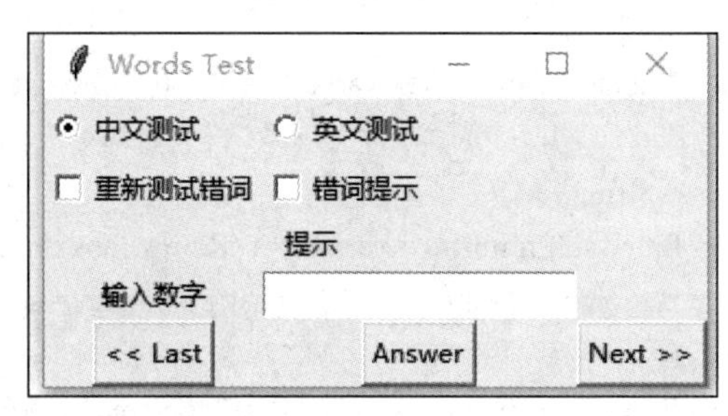

图 7-2　添加了 Radiobutton 控件和 Checkbutton 控件的程序界面

案例 7-2 程序代码如下：

lect7_2.py

```
1    #图形界面的显示单词程序，重点是图形界面设计，背单词的功能还不尽完善
2    from tkinter import *
3    class VGUIAPP:
4        def __init__(self):
5            self.root = Tk()
```

```
6            self.words = ['#-color-颜色', '#-blue-蓝色（的）', '#-green-绿色（的）', '#-red-红色（的）',
                 '#-yellow-黄色（的）', '#-orange-橘色（的）',
7                            '#-purple-紫色（的）']
8            self.root.wm_title('Words Test')
9            self.inx = 0
10           self.words_len = len(self.words)
11           self.frame = Frame(self.root)
12           self.frame.pack()
13           self.OP_var = IntVar()
14           op_chs = Radiobutton(self.frame, text="中文测试", variable=self.OP_var, value=1, command=
                 self.op_sel)
15           op_eng = Radiobutton(self.frame, text="英文测试", variable=self.OP_var, value=2, command=
                 self.op_sel)
16           op_chs.grid(row=0, column=0, sticky=W)
17           op_eng.grid(row=0, column=1, sticky=W)
18           self.OP_var.set(1)
19           self.msg = "看英文写中文    "
20           self.CheckVar1 = IntVar()
21           self.CheckVar2 = IntVar()
22           chk_1 = Checkbutton(self.frame, text="重新测试错词", variable=self.CheckVar1, onvalue=1,
                 command=self.change,offvalue=0)
23           chk_2 = Checkbutton(self.frame, text="错词提示", variable=self.CheckVar2, onvalue=1,
                 offvalue=0)
24           chk_1.grid(row=1, column=0, sticky=W)
25           chk_2.grid(row=1, column=1, sticky=W)
26           self.StrV_qus = StringVar()
27           self.StrV_qus.set("提示")
28           self.lab_qus = Label(self.frame, textvariable=self.StrV_qus).grid(row=2, columnspan=2)
29           self.lab_ans = Label(self.frame, text="输入数字").grid(row=3, column=0)
30           self.StrV_ans = StringVar()
31           self.txt_ans = Entry(self.frame, textvariable=self.StrV_ans).grid(row=3, column=1)
32           self.but_cal = Button(self.frame, text="<< Last", command=self.ev_but_last).grid(row=4,
                 column=0)
33           self.but_cal = Button(self.frame, text="Answer", command=self.ev_but_ans).grid(row=4,
                 column=1)
34           self.but_cal = Button(self.frame, text="Next >>", command=self.ev_but_next).grid(row=4,
                 column=2)
35           self.status = IntVar()
36       def change(self):   #选中事件
37           if self.status.get() == 1:   #判断是否被选中
38               print('selected')
39           else:
40               print('unselect')
```

```
41
42          def ev_but_ans(self):
43              tx = self.StrV_ans.get()
44              self.inx -= 1
45              self.inx %= self.words_len
46              word = self.words[self.inx]
47              wl = word.split('-')
48              print(wl)
49              self.StrV_qus.set(self.msg + " : " + wl[self.OP_var.get()])
50          def ev_but_last(self):
51              print('Last')
52          def ev_but_next(self):
53              print('Next')
54          def op_sel(self):
55              ik = self.OP_var.get()
56              if ik == 1:
57                  self.StrV_qus.set("看英文写中文")
58                  self.msg = "看英文写中文   "
59              elif ik == 2:
60                  self.StrV_qus.set("看中文写英文")
61                  self.msg = "看中文写英文   "
62      mapp_v = VGUIAPP()
63      mapp_v.root.mainloop()
```

案例导读

案例 7-2 的代码中包含的案例 7-1 的代码部分在此不再赘述。这里重点分析 Radiobutton 控件、Checkbutton 控件及 grid 布局。

第 14、15 行构建 Radiobutton 的两个实例：Rad_chs 和 Rad_eng。构建时需要为 variable 参数指定一个 IntVar 对象，同一组 Radiobutton 使用同一个 IntVar 对象，且同组中不同的 Radiobutton 的 Value 参数的值不同，这意味着这组 Radiobutton 只为同一个 IntVar 对象选择不同的值，这样即可完成这组 Radiobutton 的“单选”功能。同时，利用 command 参数指定“单击选择”Radiobutton 控件时触发的方法。

第 22、23 行是 Checkbutton 的构建方法，与 Radiobutton 类似，构建 Checkbutton 也需要 IntVar 对象。Checkbutton 与 Radiobutton 的不同之处是，同组的多个 Radiobutton 对应于一个 IntVar 对象，而每个 Checkbutton 控件都对应各自的 IntVar 对象，而且需要设定 onvalue 和 offvalue 参数以表示其是否被选中。

第 16、17、24、25、28、32～34 行利用 grid 布局设置控件位置。使用 grid 方法时可通过设定 row、column、rowspan，columnspan、sticky 等参数值设置控件位置。

知识梳理与扩展

所有 Tkinter 控件都可以使用以下三种方法设置控件在窗口内的位置：

- pack 布局：将控件放置在父控件内之前，规划此控件在区块内的位置。
- place 布局：将控件放置在父控件内的特定位置。
- grid 布局：将控件放置在父控件内之前，规划此控件为一个表格类型的架构。

1. pack 布局

pack()方法依照其内的属性设置将控件放置在 Frame 控件（或窗口）内。当用户创建一个 Frame 控件后，就可以开始将其他控件放入其中。如果想要将一组控件依照顺序放入其中，就必须将控件的 anchor 属性设成相同的；如果没有设置任何选项，这些控件就会从上而下排列。pack()方法的参数选项如下：

（1）expand。此选项决定控件如何使用窗口剩余的空间，即当窗口改变大小时，控件是否使用其多余的空间。如果 expand 等于 1，当窗口改变大小时，控件就会占满整个窗口剩余的空间；如果 expand 等于 0，当窗口改变大小时，控件大小维持不变。

（2）fill。此选项决定控件如何填满窗口的空间，取值可以是 X、Y、BOTH 或 NONE。此选项必须在 expand 等于 1 时才有作用。当 fill 等于 X 时，控件会占满整个窗口 X 方向剩余的空间；当 fill 等于 Y 时，控件会占满整个窗口 Y 方向剩余的空间；当 fill 等于 BOTH 时，控件会占满整个窗口剩余的空间；当 fill 等于 NONE 时，控件大小维持不变。

（3）ipadx、ipady。此选项与 fill 选项共同使用，以定义窗口内的控件与窗口边界之间的距离。此选项的单位是像素，也可以是其他测量单位，如厘米、英寸等。

（4）padx、pady。此选项定义控件之间的距离，单位是像素，也可以是其他测量单位，如厘米、英寸等。

（5）side。此选项定义控件放置的位置，取值可以是 TOP（靠上对齐）、BOTTOM（靠下对齐）、LEFT（靠左对齐）或 RIGHT（靠右对齐）。

2. place 布局

place()方法设置控件的绝对地址或相对地址。place()方法的参数选项如下：

（1）anchor。此选项定义控件在窗口内的方位，取值可以是 N、NE、E、SE、S、SW、W、NW 或 CENTER。默认值是 NW，表示在左上角方位。

（2）bordermode。此选项定义控件的坐标是否要考虑边界的宽度。此选项可以是 OUTSIDE 或 INSIDE，默认值是 INSIDE。

（3）height。此选项定义控件的高度，单位是像素。

（4）width。此选项定义控件的宽度，单位是像素。

（5）in（in_）。此选项定义控件相对于参考控件的位置。若使用的键值，则必须使用 in_。

（6）relheight。此选项定义控件相对于参考控件（使用 in_选项）的高度。

（7）relwidth。此选项定义控件相对于参考控件（使用 in_选项）的宽度。

（8）relx。此选项定义控件相对于参考控件（使用 in_选项）的水平位移。若没有设置 in_选项，则是相对于父控件的水平位移。

（9）rely。此选项定义控件相对于参考控件（使用 in_选项）的垂直位移。若没有设置 in_选项，则是相对于父控件的垂直位移。

（10）x。此选项定义控件的绝对水平位置，默认值是 0。

（11）y。此选项定义控件的绝对垂直位置，默认值是 0。

3．grid 布局

本案例使用了比较灵活的 grid 布局，其原理是使用时动态地将容器的平面区域看作网格，指定控件占据自第 n 行第 m 列开始的那些网格空间，若网格控件占据“一个单元”以上的空间，还需要指出该控件占用空间的大小。

案例 7-2 演示了 grid（网格布局）的使用。布局器对布局的规划是动态的，在布局时并不需要规定容器的总行数和总列数，grid()方法依照表格的行列方式将控件放置在窗口（或窗体）内，直接利用 grid()方法中的 row、col 和 columnspan 等参数指定控件占据的位置，参数说明如下：

- row、column：行、列，从 0 开始计数。
- rowspan、columnspan：占据跨行、跨列的区域。
- in_：放入控件内部。
- ipadx、ipady：x（水平）、y（垂直）方向的内边距。
- padx、pady：x（水平）、y（垂直）方向的外边距。
- sticky：控件在放置区域的位置对齐信息，值 N、S、W、E 分别对应上北、下南、左西、右东，若 sticky=N 则为上对齐；此信息可以用+进行扩展，表达“拉长填充”的含义，例如，sticky=N+S 表达垂直填充的含义。

grid 布局示意图（将其想像成一个窗口）如图 7-3 所示。

<table>
<tr><td>row=0 column=0</td><td>row=0 column=1</td><td></td></tr>
<tr><td>row=1 column=0</td><td>row=1 column=1</td><td></td></tr>
<tr><td colspan="2">row=2 columnspan=2</td><td></td></tr>
<tr><td>row=3 column=0</td><td>row=3 column=1</td><td></td></tr>
<tr><td>row=4 column=0</td><td>row=4 column=1</td><td>row=4   column=02</td></tr>
</table>

图 7-3　grid 布局示意图

案例 7–3　用菜单选择文件程序的界面设计

案例 7-3 为用菜单选择文件及打开文件的程序。程序设计了两个菜单（文件，编辑），利用菜单打开文件，可以将文件的内容复制到文本控件 text 中，也可以将 text 中的内容保存到文件中。程序运行界面如图 7-4 所示。

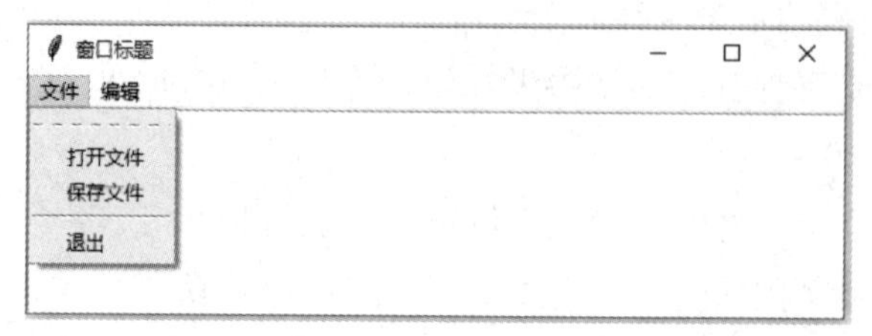

图 7-4 用菜单选择文件及打开文件的程序运行界面

案例 7-3 程序代码如下：

lect7_3.py

```
1  #用菜单选择文件及打开文件的程序
2  import tkinter as tk
3  from tkinter import filedialog, dialog
4  import os
5  #from _tkinter import Text
6  window = tk.Tk()
7  window.title('窗口标题')  #标题
8  window.geometry('500x500')  #窗口尺寸
9  file_path = ''
10 file_text = ''
11 frame = tk.Frame(window)
12 text1 = tk.Text(window, width=80, height=160)#.grid(row=5, columnspan=2)
13 text1.pack()
14 print(type(text1))
15 def open_file():
16     global file_path
17     global file_text
18     global   text1
19     print(type(text1))
20     file_path = filedialog.askopenfilename(title=u'选择文件', initialdir=(os.path.expanduser('H:/')))
21     print('打开文件：', file_path)
22     if file_path is not None:
23         with open(file=file_path, mode='r+', encoding='utf-8') as file:
24             file_text = file.read()
25         text1.insert('insert', file_text)
26 def save_file():
27     global file_path
28     global file_text
29     #global text1
30     file_path = filedialog.asksaveasfilename(title=u'保存文件')
31     print('保存文件：', file_path)
```

```
32          file_text = text1.get('1.0', tk.END)
33          if file_path is not None:
34              with open(file=file_path, mode='a+', encoding='utf-8') as file:
35                  file.write(file_text)
36              text1.delete('1.0', tk.END)
37          dialog.Dialog(None, {'title': 'File Modified', 'text': '保存完成', 'bitmap': 'warning', 'default': 0,'strings':
                ('OK', 'Cancle')})
38          print('保存完成')
39      menu1 = tk.Menu(window)
40      window.config(menu=menu1)
41      #定义“文件”菜单
42      filemenu1 = tk.Menu(menu1)
43      menu1.add_cascade(label="文件", menu=filemenu1)
44      filemenu1.add_command(label="打开文件", command=open_file)
45      filemenu1.add_command(label="保存文件", command=save_file)
46      filemenu1.add_separator()
47      filemenu1.add_command(label="退出", command=window.quit)
48      #定义“编辑”菜单
49      filemenu2 = tk.Menu(menu1)
50      menu1.add_cascade(label="编辑", menu=filemenu2)
51      filemenu2.add_command(label="复制")
52      filemenu2.add_command(label="粘贴")
53      filemenu2.add_separator()
54      filemenu2.add_command(label="插入")
55      frame.pack()
56      window.mainloop()
```

案例导读

重点分析菜单（Menu）和 filedialog，其余代码不再赘述。

第 15～25 行定义了 open_file()函数。

第 20 行调用了文件对话框 filedialog。

第 26、37 行定义了 save_file()函数。

第 30 行也调用了文件对话框 filedialog。

第 39～54 行是菜单功能的设计。在利用 Menu 类构造菜单的过程中，Menu 的“父控件”并不是 frame，而是 root，这说明 Menu 和 frame 是“兄弟”关系，它们的“父亲”都是顶层空窗体 root。

第 42～47 行定义了“文件”菜单，其“打开文件”功能指定了使用 open_file()函数，“保存文件”功能指定了使用 save_file ()函数。

第 49～54 行定义了“编辑”菜单，其“复制”功能和“粘贴”功能没有指定使用的函数。

知识梳理与扩展

1. 菜单

Tkinter 的菜单的建立步骤如下：

（1）在窗体上构造“空”菜单（根菜单），根菜单只是一个概念，并不可见。

（2）利用 add_cascade 方法向根菜单添加主菜单项（即利用该方法在根菜单上添加的菜单项构成了通常的主菜单）。一般情况下是利用 add_cascade 方法向一个菜单添加一级子菜单。

（3）Tkinter 中利用 add_command 方法给菜单添加属性，其参数意义如下：

- label：指定菜单的名称。
- Command：指定菜单项被单击时调用的方法。
- acceletor：设置菜单项对应的快捷键。
- underline：指定菜单项是否有下划线。

2. 事件的类型及其处理

（1）事件的类型。用户通过鼠标、键盘、游戏控制设备在与图形界面交互时，就会触发事件。Tkinter 事件的名称通常用放置于尖括号内的字符串表示，尖括号中的内容称为事件类型。事件类型有其通用的定义方式。常用的事件类型如下所述。

1）鼠标单击事件：

- <Button-1>：单击鼠标左键。
- <Button-2>：单击鼠标中间键（如果有）。
- <Button-3>：单击鼠标右键。
- <Button-4>：向上滚动滑轮。
- <Button-5>：向下滚动滑轮。

2）鼠标双击事件：

- <Double-Button-1>：双击鼠标左键。
- <Double-Button-2>：双击鼠标中键。
- <Double-Button-3>：双击鼠标右键。

3）鼠标释放事件：

- <ButtonRelease-1>：释放鼠标左键。
- <ButtonRelease-2>：释放鼠标中键。
- <ButtonRelease-3>：释放鼠标右键。

4）鼠标按下并移动（即拖动）事件：

- <B1-Motion>：拖动左键。
- <B2-Motion>：拖动中键。
- <B3-Motion>：拖动右键。

5）鼠标的其他操作：

- <Enter>：鼠标光标进入控件（放到控件上面）。
- <FocusIn>：控件获得焦点。
- <Leave>：鼠标光标移出控件。
- <FocusOut>：控件失去焦点。

6）键盘按下事件：

- <Key>：按下键盘，事件 event 中的 keycode 和 char 都可以获取按下的键值。
- <Return>：绑定键位（Enter 键，也称回车键），类似的键还有<BackSpace>、<Escape>、<Right>、<Down>等。

7）控件属性改变事件：

- <Configure>：改变控件大小，新的控件大小会存储在事件 event 对象中的 width 和 height 属性中，部分平台上该事件也代表控件位置改变。

（2）事件的处理。创建组件对象实例时，可以通过其命名参数 command 指定事件处理函数，该函数只有 1 个参数 event。

调用组件对象实例方法 bind 可以为指定组件实例绑定事件处理函数，该函数有 2 个参数，语法格式如下：

```
w.bind('<event>', eventhandler, add='')
```

其中，<event>为事件类型；eventhandler 为事件处理函数；可选参数 add 默认为 ''，表示事件处理函数替代其他绑定，如果为+则加入事件处理队列。

案例 7-4 是两个按钮的处理事件，btn1 由 command 参数指定处理鼠标左击事件，btn2 通过 bind 绑定鼠标右击事件，代码如下：

lect7_4.py

```
1	from tkinter import	*
2	class event_hander():
3		def __init__(self):
4			self.root=Tk()
5			self.root.title('事件处理')
6			self.root.geometry('500x50')
7			self.frame = Frame(self.root)
8			self.frame.pack()
9			self. btn1=Button(self.frame, text="command 参数指定鼠标左击事件",command=
				self.motionhandler1)
10			self.btn1.grid(row=1,column=0)
11			self.btn2=Button(self.frame, text="bind 绑定鼠标右击事件")
12			self.btn2.grid(row=1,column=1)
13			self.btn2.bind("<Button-3>",self.motionhandler2)
14		#定义事件响应函数，只有 1 个参数
15		def motionhandler1(event):
```

```
16                print('command 参数指定鼠标左击事件')
17            #定义事件响应函数，有 2 个参数
18            def motionhandler2(self,event):
19                print('bind 绑定鼠标右击事件')
20    app=event_hander()
21    app.root.mainloop()
```

小结

通过本章对 Tkinter 图形界面的介绍，读者应该能利用标签（Label）、文本输入框（Entry）、单选按钮（Radiobutton）、多选按钮（Checkbutton）、按钮（Button）、菜单（Menu）、系统信息对话框（tkMessageBox）、文件对话框（tkFileDialog）等各种图形界面（GUI）元素简单构建自己的应用了。本章提及的图形界面编程的要点还有布局、事件（Event）、绑定（Bind）等。界面元素的使用方式基本遵循下面的步骤：构建容器；在容器中生成控件；布局控件；绑定相关变量和事件。关于图形界面编程甚至可以单独出一本书，要想在一个章节中详细描述几乎不可能。实践是最好的老师，所以最有效的方式是读者自己设定一个应用，并使用本章介绍的方法去完成应用。

练习七

1．编写一个图形界面程序，实现以下功能：可以选择磁盘中任何一个目录，并将目录中的所有文本文件的文件名显示在一个列表框中。

2．为第 1 题添加功能：单击列表框中的某一项（某文本文件的文件名），可以在程序中显示该文本文件的内容。

3．自行设计一个界面，能用不同的字体显示第 2 题中的文本文件的内容。

4．编程实现以下功能：在界面中放置一个文本框，当鼠标光标进入文本框时其背景色变为绿色，离开时恢复成原来的颜色。

5．编程实现以下功能：界面中放置 5 个按钮，为按钮绑定<Return>事件，当用户按下 Enter 键时，将系统的焦点设置到下一个按钮上。

6．利用事件响应编程实现以下功能：界面中放置一个文本框，在文本框中输入小写字母时，程序自动将其变为大写字母。

第8章　利用MVC模式开发程序

大多数人稍加训练就能进行程序代码编写工作。代码编写在软件设计领域相当于“体力活”，如果对编写代码的各种技能进行类比，会网络编程、会使用数据库、理解串口通信协议等也就相当于盖房子过程中建筑工人的各种技能：浇筑钢筋混凝土、改造电路等。就像只会各种建筑技能的工人不大可能构造精致、复杂的建筑一样，只会编写代码的开发者也不大可能设计结构良好、健壮、可维护性高、后期升级代价小的程序。Coding（编写代码）是容易的事，而 Design（设计）需要大量的学习和实践的磨练。针对软件设计，对应不同的应用已经有很多较成熟的设计模式了，学习领会这些模式确实是提高设计能力的不二法门。

MVC（Model-View-Controller）模式是一种常见的设计模式。它不但使程序的各部分结构明晰，更重要的是使各种应用跨平台复用也成为可能。试想，如何将为PC桌面写的应用在极短的时间和极少的改动下变为 Web 或手机上的应用，甚至变为游戏机上的应用呢？为达到这种目的，结构设计就显得十分必要了。

例如，第 7 章介绍的实例 7-2（背单词程序），没有任何架构设计，完全靠自然的想法完成。读者可以看到它运行得不错，而且也采用了模块的思想，但如果想将其改成“网页版”或“微信版”，那就不知如何下手了，也就是说，虽然有逻辑，但缺乏架构设计且扩展性差。本章会提供从“自然版”到MVC版不同架构的“背单词程序”版本供读者研究对比。读者会看到，在MVC的基础上，通过增加或改变 View 的方式，可以很快将程序变成GUI风格或网页风格，虽然感觉界面上变化很大，但由于程序有了架构上的设计，在开发层面只是添加一个控制方式和视图。反之，若在设计之初不使用 MVC 架构，完成这些改变就会大费周章，甚至需要大幅度的代码重写。

本章将换一种交流方式，我们提供用两种方式开发的 3 个背单词程序，且给出所有案例的代码，并在代码中进行较为详细的注释，希望读者通过读代码体会设计思路以及思路的变迁升级。您的个人体会一定远胜于作者的讲述。

案例8–1　非MVC模式的背单词程序

案例 8-1 开发一个非 MVC 模式的背单词程序，其功能如下：运行程序列出当前目录的所有文件，让用户选出要进行学习和测试的单词文件，输入要背的单词的起始和结束索引，程序提示“开始拼写，如果拼错会要求重写”，即拼错的单词会要求再次拼写，如果再次拼错，程序会把再次拼错的单词记录在文本文件中。程序运行界面如图 8-1 所示。

```
--0-->:lect8_1非MVC模式的背单词程序.py
--1-->:lect8_2基于MVC模式的背单词程序.py
--2-->:lect8_3基于MVC的图形界面背单词程序.py
--3-->:pri_word.txt
你想打开哪个文件？请输入序号（序号小于4）：3
一共有585个单词
请输入起始索引:2
请输入结束索引:3
-----------开始拼写，如果拼错会要求重写-----------
第2个：蓝色（的）

输入拼写:blue
---------------拼写正确啦！
第3个：绿色（的）

输入拼写:green
---------------拼写正确啦！
————错词重拼加深印象——
————结束啦——

Process finished with exit code 0
```

图 8-1 非 MVC 模式的背单词程序运行界面

案例 8-1 的代码如下：

lect8_1.py

```
1   #非 MVC 模式的背单词程序，单词存放在 pri_word.txt 文件中
2   #本程序用 while 和 for 遍历了集合，思路简单直白，功能不完善，读者可加以改进
3   import os
4   import random
5   def read_in_words(fn):#定义读文件方法
6       fr=open(fn,'r',encoding='utf-8')
7       filestrs=fr.readlines()
8       fr.close()
9       return filestrs
10  #file='pri_word.txt'
11  path=os.listdir("./") #获取当前目录中所有文件，返回值为列表
12  print(path) #输出当前目录中所有文件
13  i=0
14  #列出当前目录的所有文件
15  for efn in path:
16      print(f'--{i}-->:{efn}')
17      i+=1
18  #让用户选出要学习和测试的单词文件
19  i=int(input(f'你想打开哪个文件？请输入序号（序号小于{len(path)}）：'))
20  if i <=len(path):
21      file=path[i]
22  k=[]
23  r=[]
```

```
24  word_all=read_in_words(file)
25  print(f'一共有{len(word_all)}个单词')
26  #用户选择文件后，设定测试单词的起始索引和结束索引
27  in_start=int(input('请输入起始索引：'))
28  in_end=int(input('请输入结束索引：'))
29  while in_start<=0 or in_end<in_start or in_end>len(word_all):
30      in_start=int(input('输入的索引越界，请重新输入起始索引：'))
31      in_end=int(input('请重新输入结束索引：'))
32  print('-----------开始拼写，如果拼错会要求重写-----------')
33  in_word=''
34  ostr=''
35  err_words=[]
36  i=in_start-1
37  #利用 while 和边界访问列表测试单词，拼写错误就提示重新拼写，并将错词加入 err_words 列表
38  while i<in_end:
39      r=word_all[i]
40      k=r.split('-')
41      if len(k)<3:
42          continue
43      ostr=f'第{i+1}个：'
44      ostr=ostr+f'{k[-1]}'
45      print(ostr)
46      i+=1
47      in_word=str(input('输入拼写：'))
48      ostr='---------------'
49      while in_word.strip()!=k[-2].strip():
50          print(f'正确拼写是{k[-2]}')
51          print(ostr+'拼写错啦!')
52          in_word=input("请重新拼写单词：")
53          #把拼写错误的单词加入错词的列表
54          err_words.append([k[-2].strip(),k[-1]])
55      print(ostr+"拼写正确啦！")
56  #构造一个存放最终拼写错误单词的字典
57  err_dict={}
58  strkey=""
59  #以下拼写 err_words 中的单词
60  print("——错词重拼加深印象——")
61  #利用 while 访问 err_words，将再次拼写错误的单词存入字典 errdict，字典的 key 是单词
        信息，value 是拼写错误的次数
62  while len(err_words)>0:
63      sz=len(err_words)
64      rinx=random.randint(0, sz-1)
65      k=err_words[rinx]
```

```
66          ostr='加深印象:'
67          ostr=ostr+f'{k[-1]}'
68          print(ostr)
69          in_word=input("拼写单词：")
70          ostr="------------------"
71          err_words.pop(rinx)
72          while in_word.strip()!=k[0].strip():
73              print(f'正确拼写是{k[-2]}')
74              print(ostr+'拼写错啦！')
75              in_word=input("再拼写一次：")
76              strkey='#-'+k[0].strip()+'-'+k[-1]
77              err_dict[strkey]=1
78          print(ostr+'拼写正确啦！')
79      #用 for 遍历 err_dict，保存 err_dict 的 key 到文本文件
80      fn='error_word_'+str(in_start)+str(in_end)+'.txt'
81      fw=open(fn,'w',encoding='utf-8')
82      for dr in err_dict.keys():
83          print(dr)
84          fw.writelines(dr)
85      fw.close()
86      print('——结束啦——')
```

案例导读

案例 8-1 的程序思路简单直白，并用 while 和 for 遍历了集合，该方法并不好，只是为了给读者进行示范。

第 38～55 行利用 while 和边界访问列表，测试单词，出现拼写错误就提示重新拼写，并将错词加入 err_words 列表。

第 62～78 行利用 while 访问 err_words，将再次拼写错误的单词存入字典 err_dict，字典的 key 是单词信息，value 是拼写错误的次数。

第 82～86 行用 for 遍历 err_dict，保存 err_dict 的 key 到文本文件，以便用户下次复习。

案例 8-2　基于 MVC 结构的背单词程序

案例 8-2 开发一个基于 MVC 结构的背单词程序，功能如下：程序运行后输出功能菜单，选择 1 是背单词，功能与案例 8-1 一致；选择 3 是测试单词；选择 5 是退出程序。程序运行界面如图 8-2 所示。

```
Now init user interface
1: 学习生词
3: 测    试
5: EXIT
 选择 1  、 3  、 5? 3
从第几个单词开始? 2
到第几个单词结束? 3
一共 2个单词，需要测试多少个单词? 2
第1个单词：绿色（的）

  请输入单词拼写（不会拼写可输入???显示答案）: green
--------------结束，下一个单词--------------
第2个单词：蓝色（的）

  请输入单词拼写（不会拼写可输入???显示答案）: blue
--------------结束，下一个单词--------------
---结束啦，得分：100.0----
```

图 8-2　基于 MVC 结构的背单词程序运行界面

案例 8-2 代码如下：

lect8_2.py

```
1      #这是一个 MVC 架构的背单词程序，程序包括四个类
2      import random
3      #定义模型类 WORDS
4      class WORDS:
5          #__init__  初始化数据成员
6          def __init__(self):
7              '''__init__  初始化数据成员'''
8              self.words_file_ls=[]      #文件中所有单词列表
9              self.words_test_ls=[]      #测试用单词列表
10             self.test_cur_inx=0        #当前被测试单词的 index（索引）
11             self.views_ls=[]           #该列表保存 model（模型）关联的所有 views
12             self.max_count=0           #单词总数
13             self.test_s=0              #测试的单词子集在总词表中的上边界
14             self.test_e=0              #测试的单词子集在总词表中的下边界
15         #read_in_words 读入 fn 文件中所有的单词
16         def read_in_words(self,fn):
17             '''read_in_words 读入 fn 文件中所有的单词'''
18             fr=open(fn,'r',encoding='utf-8')
19             self.words_file_ls=fr.readlines()
20             fr.close()
21             self.max_count=len(self.words_file_ls)
22         #get_next_word 获得下一个单词
23         def get_next_word(self):
24             #如果下标未越界，则下标加 1，获得下一个单词
25             if self.test_cur_inx+1<len(self.words_test_ls):
26                 self.test_cur_inx+=1
```

```
27              return self.words_test_ls[self.test_cur_inx] #返回单词
28          #rand_list 利用 shuffle 置乱单词列表
29          def rand_list(self,l):
30              ''' 利用 shuffle 置乱单词列表'''
31              random.shuffle(l) #利用 shuffle 置乱单词列表
32          #get_test_ls 以 s 和 e 为边界，切片获得总单词表的子集
33          def get_test_ls(self,s,e):
34              self.words_test_ls=self.words_file_ls[s-1:e]   #以 s 和 e 为切片
35              self.test_s=s-1      #记录上边界
36              self.test_e=e        #记录下边界
37          #add_v   注册 views，将 views 加入到 views_ls 列表中
38          def add_v(self,v):
39              self.views_ls.append(v)
40          #notify_auto 通知 model 中所有的 views
41          def notify_auto(self):
42              for v in self.views_ls:
43                  v.o_update(self)
44          #get_word 返回当前单词
45          def get_word(self):
46              return self.words_test_ls[self.test_cur_inx]
47      #定义视图类 VIEW，即程序的界面类
48      class VIEW:
49          def update(self,d):
50              return 0
51          def o_update_auto(self,mo_d):
52              print("here, you can do some auto-exchange things ")
53              return 0
54          #o_chtxt 输出信息
55          def o_chtxt(self,msg):
56              '''o_chtxt 输出信息'''
57              pass
58          #i_spell 输入单词拼写
59          def i_spell(self,txt):
60              '''i_spell 输入单词拼写，return str'''
61              pass
62          def i_word_range(self,mo_d):
63              '''i_spell 输入需要的单词列表边界，return (s,e)'''
64              pass
65          def i_rand(self,mo_d):
66              '''这个函数用来确定是否需要将单词表乱序'''
67              pass
68          def i_howmany(self,mo_d):
69              '''这个函数用来确定需要测试的单词数量'''
```

```
70              pass
71          def i_menu(self):
72              '''返回菜单选项  return integer:1-5'''
73              pass
74      #定义视图类的子类 V_T（程序的文本界面类），是 VIEW 的子类
75      class V_T (VIEW):
76          def __init__(self):
77              print("Now init user interface")
78          def o_update_auto(self,mo_d):
79              print("here, you can do some auto-exchange things ")
80              return 0
81          #o_chtxt 输出信息
82          def o_chtxt(self,msg):
83              print(msg)
84          #i_spell 输入单词拼写
85          def i_spell(self,txt):
86              '''i_spell 输入单词拼写'''
87              msg=txt +"  请输入单词拼写（不会拼写可输入???显示答案）："
88              instr=input(msg)
89              return instr
90          def i_word_range(self,mo_d):
91              '''i_spell 输入需要的单词列表边界'''
92              in_start=int(input(u"从第几个单词开始？  "))
93              in_end=int(input(u"到第几个单词结束？  "))
94              max_inx=mo_d.max_count
95              while in_start > in_end or in_end > max_inx:
96                  print("开始或结束边界错误，或超出最大边界  "+str(max_inx)+"，请重新输入  ")
97                  in_start=int(input(u"从第几个单词开始？  "))
98                  in_end=int(input(u"到第几个单词结束？  "))
99              mo_d.test_s=in_start
100             mo_d.test_e=in_end
101             return (in_start,in_end)
102         def i_rand(self,mo_d):
103             '''这个函数用来确定是否需要将单词表乱序'''
104             in_choi=input(u"需要乱序吗？ y/n ")
105             if in_choi=='y':
106                 mo_d.rand_list(mo_d.words_test_ls)
107         def i_howmany(self,mo_d):
108             '''这个函数用来确定需要测试的单词数量'''
109             maxcount=len(mo_d.words_test_ls)
110             in_choi=int(input(u"一共  "+str(maxcount)+u"个单词，需要测试多少个单词？  "))
111             if in_choi<maxcount:
112                 mo_d.words_test_ls=mo_d.words_test_ls[0:in_choi]
```

```
113        def i_menu(self):
114            '''返回菜单选项'''
115            print(u"1：学习生词")
116            print(u"3：测    试")
117            print(u"5：EXIT")
118            res=int(input(" 选择 1  、 3  、 5？ "))
119            return res
120    #定义控制类
121    class M_APP:
122        '''应用程序类，在这里生成 WORDS 和 V_T 两个对象，并用它们搭建整个应用'''
123        def __init__(self):
124            ''' 初始化应用程序'''
125            self.ws=WORDS() #创建模型类对象
126            file="pri_word.txt" #指定单词文件
127            random.seed() #初始化随机种子
128            self.ws.read_in_words(file)
129            self.vt=V_T()   #创建视图类对象
130            self.ws.add_v(self.vt)
131        def run(self):
132            '''根据菜单的选择确定程序的运行'''
133            while 1:
134                uchoi= self.vt.i_menu()
135                if uchoi==1:
136                    self.learn()
137                elif uchoi==3:
138                    self.test()
139                elif uchoi==5:
140                    print('程序结束')
141                    break
142                else:
143                    print('选择错误，结束程序')
144        def learn(self):
145            '''处理学习单词功能的函数'''
146            #调用 vt.i_word_range 确定需要测试的范围
147            tur_range=self.vt.i_word_range(self.ws)
148            self.ws.get_test_ls(tur_range[0],tur_range[1])
149            self.vt.i_rand(self.ws)
150            for w in self.ws.words_test_ls:    #遍历单词表
151                er=0 #拼写错误的单词数量
152                wl=w.split('-')    #分割中英文
153                #self.vt.o_chtxt('\n--------------'+wl[-1])
154                self.vt.o_chtxt(f'请拼写单词：{wl[-1]}')
155                engtxt=self.vt.i_spell(" ")  #输入英文拼写
```

```
156                 while engtxt!= wl[-2]:        #循环至拼写正确为止
157                     #如果用户拼写时输入??? 则系统提示正确拼写
158                     if engtxt=='???':
159                         self.vt.o_chtxt("---正确答案是：---"+ wl[-2])
160                     self.vt.o_chtxt("请重新拼写："+ wl[-1])
161                     engtxt=self.vt.i_spell(" ")
162                 self.vt.o_chtxt('---------------回答正确，下一个单词')
163             #error again
164             self.vt.o_chtxt('-------------- over, bye ---------------')
165         def test(self):
166             '''单词测试函数'''
167             #调用 vt.i_word_range 确定需要测试的范围
168             tur_range=self.vt.i_word_range(self.ws)
169             #得到需要测试的单词表
170             self.ws.get_test_ls(tur_range[0],tur_range[1])
171             self.ws.rand_list(self.ws.words_test_ls)     #乱序
172             self.vt.i_howmany(self.ws)
173             ercount=0
174             cnt=0
175             for w in self.ws.words_test_ls:
176                 wl=w.split('-')
177                 if len (wl)<3:    #若分割项目
178                     continue
179                 er=0
180                 self.vt.o_chtxt(f'第{cnt + 1}个单词：{wl[-1]}')
181                 engtxt=self.vt.i_spell(" ")
182                 while engtxt!= wl[-2]:
183                     if er==0:
184                         er=1
185                         ercount+=1
186                     if engtxt=='???':
187                         self.vt.o_chtxt(f"- 正确答案：{wl[-2]}--")
188                     self.vt.o_chtxt("请重新拼写{wl[-1]}")
189                     engtxt=self.vt.i_spell(" ")
190                 cnt+=1
191                 self.vt.o_chtxt('-------------结束，下一个单词------------')
192             #以下计算正确率，然后结束程序
193             self.vt.o_chtxt(f'---结束啦，得分：{(1-1.0*ercount/len(self.ws.words_test_ls))*100}----')
194     myapp=M_APP()
195     myapp.run()
```

单词文件的后缀是 txt，文件内容格式如下：

```
#-color-颜色
#-blue-蓝色（的）
```

```
#-green-绿色（的）
#-red-红色（的）
#-yellow-黄色（的）
#-orange-橘色（的）
#-purple-紫色（的）
#-white-白色（的）
#-black-黑色（的）
```

案例导读

这是一个基于 MVC 架构的背单词程序，包括 4 个类：

（1）模型类 WORDS，用于表达数据及对单词表进行的所有操作，该类里面有一个保存所有关联的 views 的列表。

（2）界面类 VIEW，这个界面类不是具体的界面，而是对界面功能的定义，称为“抽象类”。该类定义了界面要完成的功能（函数），但函数具体内容都为空，留待子类具体完成，其中 i_XX 表示输入，o_XX 表示输出。

（3）文本界面类 V_T (VIEW)，为 VIEW 的子类，是对界面类功能的具体实现，即实现了 VIEW 类的所有函数接口。

（4）应用程序类 M_APP，被视为 Controller（控制器），本案例程序把业务逻辑写在了该类中。

案例 8–3　基于 MVC 架构的有图形界面的背单词程序

该案例开发基于 MVC 架构的有图形界面的背单词程序，功能如下：在运行界面中输入单词表的起始位置和结束位置，单击“开始学习”按钮，弹出输入对话框，要学的单词会显示在输入框中，单词填写正确则学习下一个，不正确则继续弹出输入对话框，所选单词学完后显示提示信息。程序运行界面如图 8-3 所示。

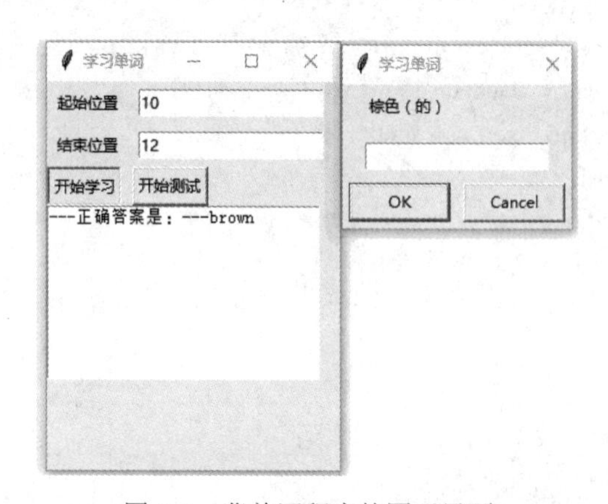

图 8-3　背单词程序的图形界面

案例 8-3 代码如下：

lect8_3.py

```
1   import tkinter as tk
2   from tkinter.filedialog import *
3   import random
4   import tkinter.simpledialog
5   #定义类 QuoteGUIModel_WORDS，被测试单词表的模型
6   class QuoteGUIModel_WORDS:
7       #__init__  初始化数据成员
8       def __init__(self):
9           self.words_file_list=[]         #文件中所有单词列表
10          self.words_learn_list=[]        #测试用单词列表
11          self.learn_cur_index=0          #当前被测试单词的 index（索引）
12          self.views_list=[]              #该列表保存 model（模型）关联的所有 views
13          self.max_count=0                #单词总数
14          self.learn_start=0              #测试的单词子集在总词表中的前边界
15          self.learn_end=0                #测试的单词子集在总词表中的后边界
16      #read_in_words 读入单词文件中所有的单词
17      def read_in_words(self,file):
18          fr=open(file,'r',encoding='utf-8')
19          self.words_file_list=fr.readlines()
20          fr.close()
21          self.max_count=len(self.words_file_list)
22
23      def get_learn_list(self,s,e):
24          '''以 s 和 e 为边界，切片获得总单词表的子集'''
25          self.words_learn_list=self.words_file_list[s-1:e]  #以 s 和 e 为切片
26          self.test_start=s-1        #记录起始边界
27          self.test_end=e            #记录结束边界
28  class QuoteGUIView:
29      def __init__(self):
30          self.window = tk.Tk()
31          self.window.title("学习单词")
32          self.window.geometry('230x300')  #窗口尺寸
33          self.start_label = tk.Label(self.window, text="起始位置")
34          self.start_label.grid(row=0, column=0, sticky=W, padx=5,pady=5)
35          self.quoteNum1 = tk.StringVar()  #单词序号
36          self.start_entry=tk.Entry(self.window, textvariable=self.quoteNum1, justify="left")
37          self.start_entry.grid(row=0, column=1, sticky=W, padx=5,pady=5)
38          self.start_label=tk.Label(self.window, text="结束位置 ")
39          self.start_label.grid(row=1, column=0, sticky=W, padx=5,pady=5)
```

```
40              self.quoteNum2 = tk.StringVar()   #单词序号
41              self.end_entry=tk.Entry(self.window, textvariable=self.quoteNum2,justify="left")#.grid(row=1,
                   column=1, sticky=W)
42              self.end_entry.grid(row=1, column=1, sticky=W, padx=5,pady=5)
43              self.learn_btn = tk.Button(self.window, text="开始学习")
44              self.test_btn= tk.Button(self.window, text="开始测试")
45              self.learn_btn.grid(row=2, column=0, sticky=W)
46              self.test_btn.grid(row=2, column=1, sticky=W)
47              self.text1 = Text(self.window, width=30, height=10)
48              self.text1.grid(row=5, columnspan=2, sticky=W)
49          #定义判断学习是否正确的对话框
50          def learn_dialoge(self,w):
51              result=tk.simpledialog.askstring(title='学习单词', prompt=w)
52              return result
53      #定义控制类
54      class QuoteGUIController:
55          def __init__(self):
56              self.file='./pri_word.txt' #单词文件
57              self.view = QuoteGUIView() #创建视图对象
58              self.model = QuoteGUIModel_WORDS() #创建模型对象
59
60          def run(self):
61              self.view.learn_btn.bind("<Button-1>", self.learn) #学习按钮绑定事件
62              self.view.test_btn.bind("<Button-1>", self.test) #测试按钮绑定事件
63              self.view.window.mainloop()
64      #定义学习函数 learn()
65          def learn(self, event):
66              start=int(self.view.start_entry.get())          #获取学习单词的起始索引
67              end=int(self.view.end_entry.get())              #获取学习单词的结束索引
68              self.model.read_in_words(self.file)             #打开单词文件
69              self.model.get_learn_list(start,end)            #获取要学习的单词
70              for w in self.model.words_learn_list:           #遍历单词表
71                  word = w.split('-')   #分割中英文
72                  result = self.view.learn_dialoge(word[-1]) #获取从对话框中输入的单词
73                  while result!=word[-2]: #判断输入的单词与答案是否一样
74                      if result == '???':
75                          self.view.text1.delete('1.0','end')
76                          self.view.text1.insert(tk.END,"---正确答案是：---" + word[-2])
77                          result = self.view.learn_dialoge(word[-1]) #获取从对话框中输入的单词
78                      else:
79                          result = self.view.learn_dialoge(word[-1]) #获取从对话框中输入的单词
80                  print(result)   #打印获取的单词
```

```
81                self.view.text1.delete('1.0','end')
82                self.view.text1.insert(tk.END,"学习完毕" )
83    #定义测试函数 test()
84        def test(self, event):
85            #读者完善测试功能
86            pass
87    #定义程序的起点
88    if __name__ == '__main__':
89        controller = QuoteGUIController() #创建控制对象
90        controller.run() #程序运行
```

案例导读

程序定义了 3 个类，其关系如图 8-4 所示。

（1）模型类 QuoteGUIModel_WORDS 为被测试单词表的模型，用于对单词表进行的所有操作。

（2）视图类 QuoteGUIView 是视图界面类，但这个界面类不是具体的界面，而是对界面功能的定义。

（3）控制类 QuoteGUIController，本案例只完成了一个学习单词菜单，测试菜单由读者自行完成，且学习菜单的最后一步也需要读者在指定位置按提示信息完成。

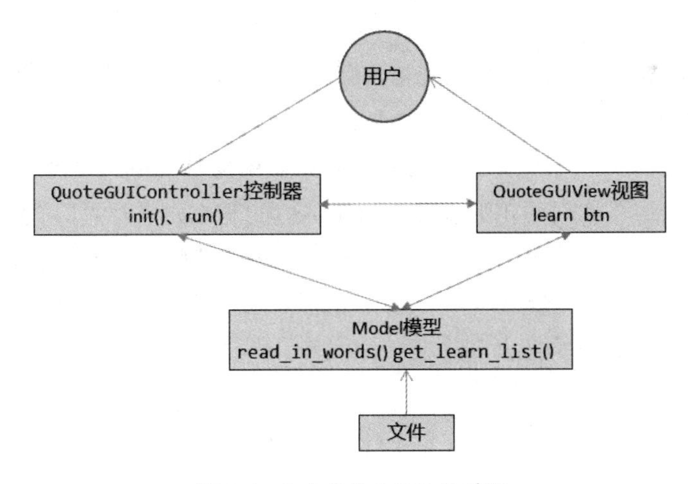

图 8-4　3 个类的 MVC 关系图

知识梳理与扩展

MVC 或多层设计的含义：程序以数据为中心，数据是独立的，与界面（表现形式）和程序控制方式无关。比如对于计算圆周长这个应用，应用的数据只包括半径、圆周率、周长以及数据间的计算公式，而与采用什么平台、用什么语言开发、以什么界面表现毫无关系。

MVC 即“模型”+“视图”+“控制”，是一种在软件工程中广泛使用的设计模式，特别适合 GUI 设计和 Web 设计，可以方便地修改应用的表示层而不影响业务逻辑，或者修改底层业务逻辑而不影响其他部分，如图 8-5 所示，同建筑领域类似：一样的构件，有不同的搭建方式。MVC 模式的实现方式也是多样的，针对不同的设计目的则 MVC 有不同的构建方法。

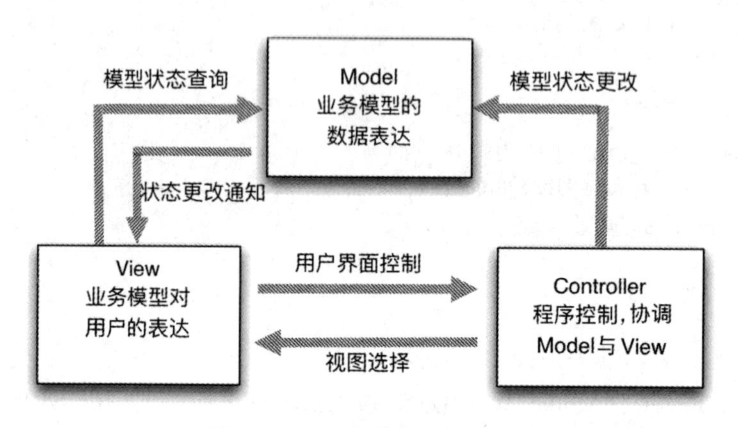

图 8-5　MVC 组件的功能和关系

- M－Model（模型）是 MVC 模式的核心部分，代表着应用的信息本源，包含和管理（业务）逻辑、数据、状态以及应用的规则。
- V－View（视图）是模型的可视化表现（比如：计算机图形用户界面、控制台界面、智能手机的应用图形界面、PDF 文档、饼图和柱状图等）。视图只展示数据，并不处理数据。
- C－Controller（控制器）是模型与视图之间的“胶水”（glue），模型与视图之间的所有通信都通过控制器进行。

软件设计就是这样，基本构件确定之后，如何使用构件完成整个软件就是设计者自己的事了，这个过程完全可以比对建筑的设计：假设房屋的基本元素是“门”“窗”“墙”“屋顶”，那么这些元素之间如何构建以及元素各自的式样就都由设计师自己发挥了。虽然也有所谓“经典范例”，但学会自己设计才能应付各种需求。所以不必生搬硬套地去“掌握经典范例”，进行自己的设计才是设计师成长的必由之路。

小结

本章用各种方式完成了“背单词”程序的开发，以此启发设计者要关注软件架构方面的设计。好的结构会让软件更加健壮、更利于复用、开发效率更高。

本章所提及的 MVC 模式是软件设计中常用的模式，在具体实现过程中，将一个程序分为 3 个互相协作部分：模型（Model）、视图（View）、控制（Controller）。不同的设计者可以有不同的实现方式，但遵循的要点是一样的：

（1）利于不同目标的开发人员只关注整体应用中的某一层。

（2）对某层升级时不影响其他层。

（3）降低层与层之间的依赖。

（4）每层的设计都可以复用。

概括来说，MVC 设计的目标：高内聚、低耦合、易维护、利复用。

练习八

项目练习：

1．请按案例 8-3 中的提示补充完成案例中学习单词的功能。

2．请参照案例 8-3 中的学习菜单的功能，为案例 8-3 添加单词测试的功能。

第 9 章　利用 Django 开发 Web 应用

本章我们尝试开发一个稍复杂的项目：民意测评系统。Web 应用是当前最广泛的应用之一，也成为许多更新的流行应用的基础，例如 WAP、微信等。本章将引导读者利用 Django 架构，在前面的 MVC 架构基础上建立一个可以实际应用的民意测评系统。该项目所涉及的知识会纷杂一些，包括安装 Python 包、Web 架构、正则表达式、数据库访问、HTML 等。本章也是从最简单的应用开始进行讲解。

本章的内容包括：

（1）Django 的安装、项目创建和应用创建。

（2）Django 中的 views 模块开发。

（3）Django 中的地址解析。

（4）Django 中的 model 模型开发。

（5）Django 中的数据库。

（6）Django 中的模板。

（7）正则表达式。

（8）Django 中的控制台 Admin。

案例 9-1　Hello Django!

Python 的社区已经为 Web 应用提供了许多种“开发框架”，例如，Web2Py、Web、Django 等，这些框架为开发提供了方便。本章使用的框架是 Django。Django 是一个当前使用很广泛的 Web 开发框架，本章向读者介绍它，原因在于 Django 的结构具有现代开发框架的特点，它搭建了 MVC 架构，具有开发快捷、部署方便、可重用性高、维护成本低等优点，为 Web 开发者提供了快速构建自己应用的方便之门，其主要特点如下：

（1）Django 是一个全栈 Web 框架。全栈框架指除了封装网络和线程操作，还提供 HTTP 请求和响应、数据库读写管理、HTML 模板渲染等一系列功能的框架。

（2）功能完善、要素齐全。Django 提供了大量的特性和工具，无须用户自己定义、组合、增删及修改。

（3）拥有完善的文档。Django 有大量实用和完善的在线文档。开发者遇到问题时可以搜索在线文档寻求解决方案。

（4）拥有强大的数据库访问 API。Django 的 Model 层自带数据库 ORM 组件，开发者无须学习其他数据库访问技术（例如 SQLALchemy）。

（5）具有灵活的路由系统。Django 具备路由转发、正则表达式、命名空间、URL 反向解析等功能。

（6）具有丰富的 Template（模板）功能。Django 不但原生功能丰富，还可以自定义模板标签和过滤器。

（7）自带后台管理应用 Admin，只需要通过简单的几行配置和代码就可以实现一个完整的后台数据管理控制平台，这是 Django 最受欢迎的功能之一。

（8）可提示完整的错误信息。在开发调试过程中，如果程序出现运行错误或者异常，Django 可以提供非常完整的错误信息帮助定位问题。

接下来应用 Django 开发第一个案例：网页显示“Hello Django!”。案例程序的运行结果如图 9-1 所示。

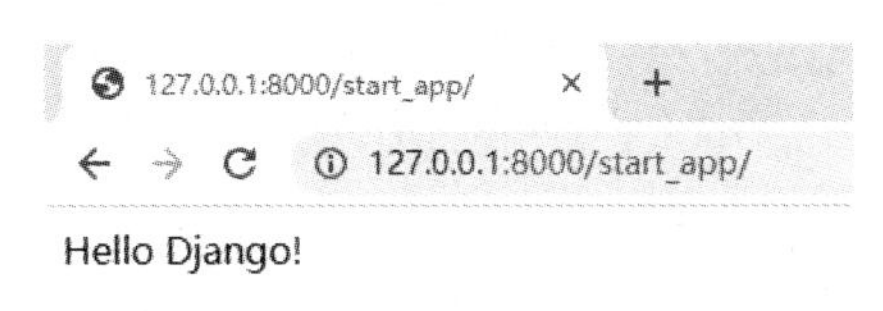

图 9-1　案例程序的运行结果

由于本案例比较烦琐，这里采用分步描述的方式为读者建立更清晰的思路。

步骤 1：安装 Django

安装 Django 比较简单，在 PyCharm 的 Terminal 中输入命令：

```
pip install Django==3.1.4
```

安装完成后的显示结果如图 9-2 所示。

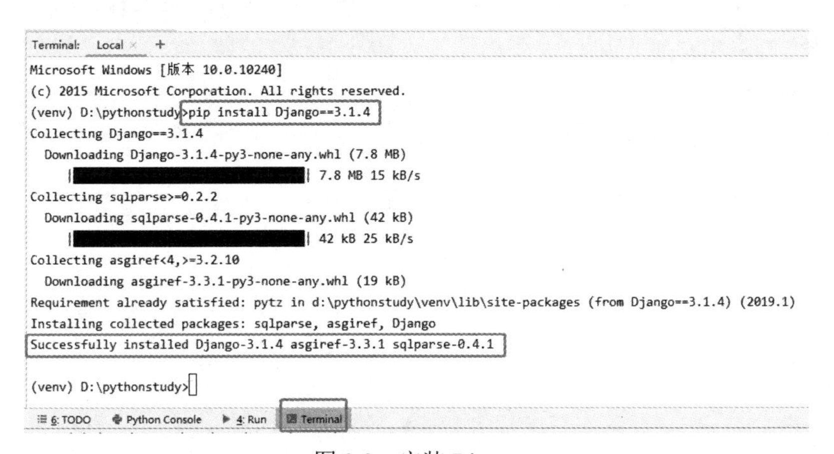

图 9-2　安装 Django

若系统正确安装了 Django，那么运行下面命令时可以看到 Django 系统的版本号。

```
python -c "import django; print(django.get_version())"
```

步骤 2：建立 site 和 application

Django 安装完成后，接着要建立站点，命令如下：

```
django-admin startproject    lect9_1
```

然后进入 lect9_1 的站点目录，建立站点中的应用，相应命令如下：

```
cd  lect9_1
django-admin startapp start_app
```

这时站点目录中的结构与图 9-3 类似。

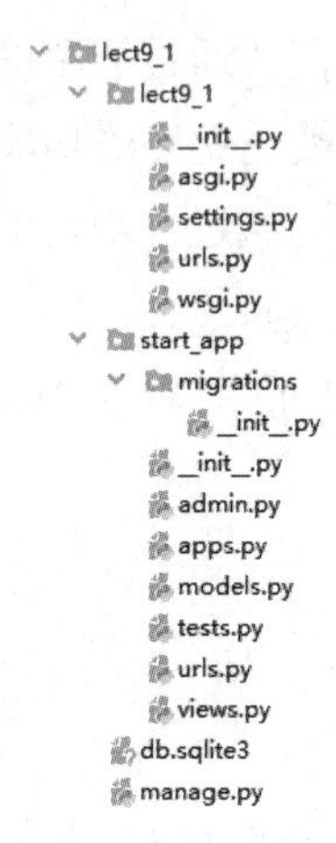

图 9-3　站点目录结构

要注意的是，在站点目录中含有一个与站点同名的子目录（lect9_1），本书称其“站点配置”目录，该目录中的 settings.py 文件包含了站点的参数配置，而站点应用目录（start_app）位于主目录下，与“站点配置”目录（lect9_1）同级。

在目录中，Django 为开发者预置了一些管理工具，比如图 9-3 中的 migrations、manage 等，对站点的管理操作都要进入站点目录，利用 manage 等管理工具进行。

例如，进入站点根目录，执行下述启动站点命令：

```
python manage.py runserver
```

执行上述命令后，浏览器会显示 Django 的初始页面，如图 9-4 所示。

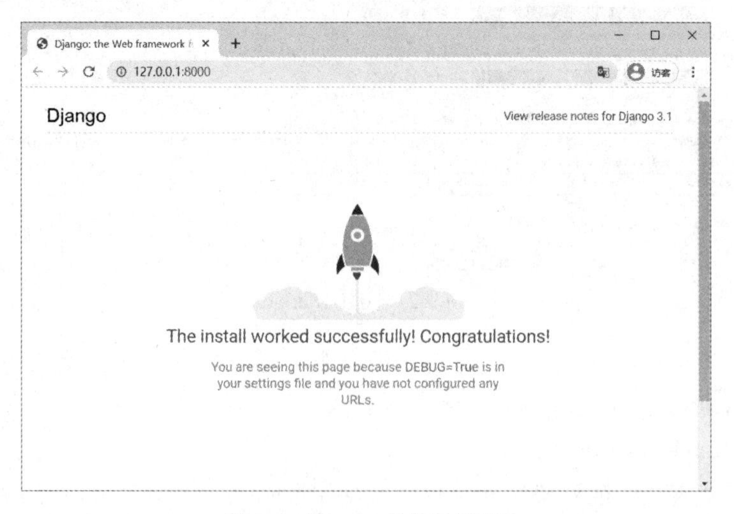

图 9-4　Django 的初始页面

步骤 3：完成简单的页面并修改相应的 urls.py

该案例只在页面上显示“Hello Django！”，所以很简单。在站点目录中找到子目录 start_app 下的 views.py 文件，打开并按以下内容进行修改：

views.py

```
1	#./start_app/views.py  显示简单页面
2	from django.shortcuts import render
3	#Create your views here.
4	from django.http import HttpResponse
5	def index(request):
6	        return HttpResponse("Hello Django!")
```

接下来找到“站点配置”目录中的 urls.py（本案例中为./lect9_1/urls.py）。为方便相对目录的引用，本章的根目录设置为站点目录。将 urls.py 按以下内容进行修改：

urls.py

```
1	#站点配置文件./lect9_1/urls.py
2	from django.conf.urls import include, url
3	from django.contrib import admin
4	from django.urls import path
5	urlpatterns = [
6	        path('admin/', admin.site.urls),
7	        path('start_app/',include('start_app.urls')),
8	]
```

最后找到应用目录中的 urls.py 文件（本案例中为./start_app/urls.py 文件，若该文件不存在则新建 urls.py 文件），按以下内容对该文件进行修改：

urls.py

```
1	#./start_app/urls.py
2	from django.conf.urls import url
3	from . import views
4	urlpatterns = [ url(r'^$', views.index, name='index'),]
```

修改两个 urls.py 文件时要注意列表最后的“,”。

步骤 4：启动站点

再次执行下面的命令，启动 Django 的 Web 服务：

```
python manage.py runserver
```

这时系统会显示类似下面的信息，标志着服务器正常启动。

```
Watching for file changes with StatReloader
Performing system checks...

System check identified no issues (0 silenced).

You have 18 unapplied migration(s). Your project may not work properly until you apply the migrations for app(s): admin, auth, contenttypes, sessions.
Run 'python manage.py migrate' to apply them.
February 15, 2021 - 09:08:03
Django version 3.1.4, using settings 'lect9_1.settings'
Starting development server at http://127.0.0.1:8000/
```

图 9-5　启动 Django 的 Web 服务

现在打开浏览器，在地址栏输入 http://127.0.0.1:8000/start_app/，就可以看到图 9-1 所示的界面。修改 IP 配置，这个网站就可以对外服务了。至此，我们利用 Django 完成了一个非常简单的 Web 应用。

案例导读

案例 9-1 的 Django 目录结构如图 9-3 所示，项目结构包括站点配置目录（lect9-1）、站点应用目录（start_app）、数据库文件（db.sqlite3）、项目管理文件（manage.py）。下面对各部分进行说明。

（1）站点配置目录（lect9-1）。

1）lect9-1/__init__.py：这个空文件告诉 Python 其所在文件夹是一个 Python 包。

2）lect9-1/asgi.py：该文件用于部署异步网关接口。

3）lect9-1/settings.py：这个文件中包括了项目的初始化设置，可以针对整个项目进行有关参数配置，比如配置数据库、添加应用等。

4）lect9-1/urls.py：这是一个 URL 配置表文件，主要是将 URL 映射到应用程序上。当用户请求某个 URL 时，Django 会根据这个文件夹中的映射关系指向某个目标对象，该对象可以是某个应用中的 urls.py 文件，也可以是某个具体的视图函数。在 Django 中，这个文件也被称为 URLconf，这是 Django 非常强大的一个特性。

5）lect9-1/wsgi.py：WSGI 是 Web Server Gateway Interface 的缩写，它是 Python 所选择的服务器和应用标准，Django 也会使用之。wsgi.py 定义了我们所创建的项目都是 WSGI 应用。

（2）站点应用目录（start_app）是由程序员创建的应用目录。Django 项目可以创建多个站点应用目录。

1）start_app/admin.py：这个文件中可以自定义 Django 管理工具，比如设置在管理界面能够管理的项目，或者通过重新定义与系统管理有关的类对象增加新的管理功能。

2）start_app/apps.py：这个文件是 Django 1.10 之后增加的，通常里面包含对应用的配置。

3）start_app/models.py：这是应用的数据类型，每个 Django 应用都要有一个 models.py 文件，虽然该文件可以为空，但不能删除。

4）start_app/tests.py：在这个文件中可以编写测试文档来测试所建立的应用。

5）start_app/urls.py：这个文件不是默认生成的，是程序员创建的。

6）start_app/views.py：这是一个重要的文件，用户用其保存响应各种请求的函数或者类。如果编写的是函数，则称为基于函数的视图；如果编写的是类，则称为基于类的视图。views.py 就是保存函数或者类的视图文件。当然也可以用其他的文件名称，只不过在引入函数或者类时，要注意名称的正确性。views.py 是我们习惯使用的文件名称。

（3）数据库文件（db.sqlite3）是 Django 项目默认自带的数据库，是创建应用时自动添加的 sqlite3 数据库，在 Django 中默认使用此数据库（其配置文件为./lect9-1/settings.py）。

（4）项目管理文件（manage.py）用于管理 Django 项目，如：启动服务、生成应用、创建管理员账号等。

知识梳理与扩展

1. 正则表达式（regular）

案例 9-1 中使用了“正则表达式”进行 URL 的匹配。正则表达式被称为程序员的“福利”或程序员的“瑞士军刀”。利用正则表达式可以极大地简化字符串运算代码编写（但不负责提升代码的运行效率）。Python 提供了 regular 模块处理正则表达式，Python 利用 Pattern 去与字符串匹配，Python 中正则表达式 Pattern 的范式如下：

```
r'正则表达式'
```

这里为开发者总结正则表达式的规则，具体见表 9-1。

表 9-1　正则表达式的规则

符号	说明
.	英文句号，可匹配任意一个字符
/d	匹配任意一个数字
/w	匹配任意一个字母、数字或下划线
/b	匹配一个空白字符
\	转义字符的标记，例如“\.”表示“.”，“\n”表示“回车”
[-]	[]表示集合，“-”表示范围，例如[0-9]表示数字 0～9
[^]	集合中的非
^	表示字符串开始，但不是集合中的^
$	表示字符串结束
|	或
*	任意多次匹配（含 0 次）
+	任意非 0 次匹配
?	任意多次匹配
{n}	匹配 n 次
{n,m}	匹配介于 n 次至 m 次之间

下面给出一些常用的正则表达式，请读者尝试进行分析：

- 匹配网址：([a-z|A-Z]{3}/.){2,3}[a-z|A-Z]{2,3}。
- 匹配电子邮件：[/w]+@[/w]+/.{1,2}[a-z]{2,3}。
- 匹配以 6 或 8 开头的 8 位电话号码：^[68]/d{7}$。

2. views.py 文件

Django 利用 views.py 文件响应用户的访问。用户的访问可由文件中的不同函数进行处理，函数的参数中的 request 对象可以得到用户传递的数据，函数利用 HttpResponse 对象向用户浏览器输出数据。views.py 文件中的每一个直接响应用户访问的函数必须由 urls 文件进行解析。

读者应该将 views.py 文件看作一个解析输入数据并将输出数据打包的模块，而利用业务逻辑处理输入数据以及以丰富多彩的表达形式输出数据则不是 views.py 文件的功能，这些功能我们将在后面进行展示。

案例 9–2 利用 Django 模板渲染技术输出网页

本案例将开发一个利用模板输出的网页，目标是用 HTML 的列表方式输出一个单词表，如图 9-6 所示。

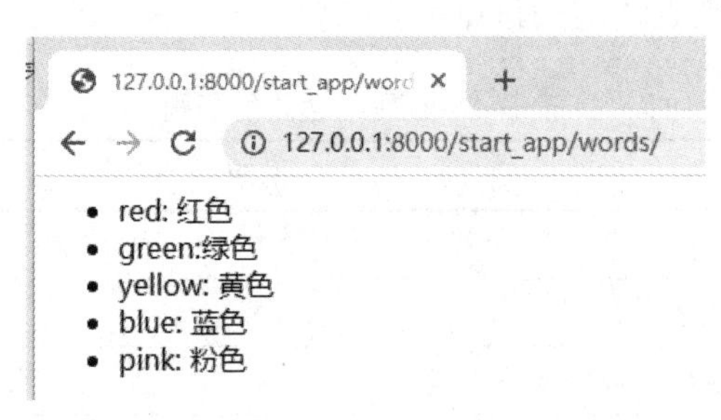

图 9-6 利用列表输出的单词表

前面不止一次提到 views 不能确定输出的格式和样式，确定输出样式需要利用 template（模板）文件。新建 templates 目录，目录结构如图 9-7 所示。现在我们就来学习模板文件的开发和配置方法。

图 9-7 目录结构

在案例 9-1 的基础上继续完善代码。

步骤 1：在 views.py 文件中添加代码

为了使用模板文件，需要在应用目录中的 views.py 文件的头部添加引用，代码如下：

views.py

```
1    #./start_app/views.py
2    from django.shortcuts import render
3    #Create your views here.
4    from django.http import HttpResponse
5    from django.template import loader
6    def index(request):
7        return HttpResponse("Hello Django!")
8    def words_list(request):
```

```
9           words=["red: 红色","green:绿色 ","yellow: 黄色","blue: 蓝色","pink: 粉色"]
10          template = loader.get_template('words_list.html')
11          context = { 'words': words,}
12          return HttpResponse (template.render(context, request))
```

在 words_list()函数中首先定义了一个包含一些单词的 words 列表，然后用 loader.get_template()方法装载模板文件 words_list.html，接下来将要输出的数据包装成字典，最后在利用 HttpResponse()方法进行输出时使用了 template 的 render()方法，即 HttpResponse (template.render(context, request))。

步骤 2：利用 HTML 开发模板文件

新建 templates 目录。开发模板文件时，建议读者先写一个全静态的 HTML 文件观察效果，然后再将其改写成模板文件，其中，Python 脚本部分使用{% %}标记；{{}}中是 Python 数据。words_list.html 文件的代码如下：

words_list.html

```
1     <html>
2     <meta http-equiv="Content-Type" content="text/html; charset=utf-8">
3     <ul>
4           {% for itm in words %}
5           <li>{{ itm }}</li>
6           {% endfor %}
7     </ul>
8           </html>
```

完成模板文件后，将其保存为 words_list.html，此名称与 views.py 中第 10 行 template = loader.get_template('words_list.html')中的模板文件的名字一致，这时需要确定模板文件的路径，这个路径由“站点配置”目录中的 settings.py 文件指定。打开 settings.py 文件，找到 TEMPLATES 数据项，其中 DIRS 列表确定了模板文件的位置。

为了使用模板文件，需要在 settings.py 文件的头部添加引用并修改代码（整个 settings.py 文件代码量较大，这里只显示其部分代码）：

```
import os
TEMPLATES = [
    {
        'BACKEND': 'django.template.backends.django.DjangoTemplates',
        'DIRS': [os.path.join(BASE_DIR, 'templates')],
        'APP_DIRS': True,
        'OPTIONS': {
            'context_processors': [
                'django.template.context_processors.debug',
                'django.template.context_processors.request',
                'django.contrib.auth.context_processors.auth',
                'django.contrib.messages.context_processors.messages',
```

```
                ],
            },
        },
]
```

步骤 3：在 urls.py 中添加解析路由

（1）修改站点目录中的 urls.py 文件的代码。代码如下：

urls.py

```
1    #站点配置文件./lect9_2/urls.py
2    from django.conf.urls import include, url
3    from django.contrib import admin
4    from django.urls import path
5    urlpatterns = [
6        path('admin/', admin.site.urls),
7        path('start_app/',include('start_app.urls')),
8    ]
```

（2）修改应用目录下的 urls.py 文件的代码。代码如下：

urls.py

```
1    #./start_app/urls.py
2    from django.conf.urls import url
3    from . import views
4    urlpatterns = [ url(r'^$', views.index, name='index'),]
```

在 views.py 中添加了 word_list(request)函数后，需要在 urls.py 中添加解析项。

启动该项目，完成地址映射以后就可以在浏览器中访问图 9-5 的页面了，访问的地址是 127.0.0.1:8000/ start_app/words。

案例导读

下面总结 Django 项目的开发过程。

（1）建立站点。命令：django-admin startproject 项目（站点）名称。该命令会建立一个以站点名称命名的目录。目录中会有一个与站点名称相同的子目录（本书称之“站点配置”目录），该子目录中包含配置整个站点的运行参数的 settings.py 文件。

（2）在站点内建立应用。命令：django-admin startapp 应用名称。为避免命名映射的麻烦，建议在站点目录中执行此命令，这时系统会在站点根目录下建立独立子目录作为应用目录。

（3）修改应用目录中的 views.py 文件。所有应用都会围绕 views.py 进行开发，因为网站与客户交互时，views.py 会接收用户的所有输入。from django.shortcuts import render 是系统默认添加的代码（它是模板的建议用法，这里暂时不对其进行讨论），本案例中它没有任何作用。from django.http import HttpResponse 引用 HttpResponse 对象用于输出。文件中还定义了一个 index 函数和 words_list 函数。定义 index 函数的代码如下：

```
def index(request):
    return HttpResponse("Hello world, Django!")
```

注意该函数的参数是一个名为 request 的对象，这个对象会接收用户的网址信息以及通过 post 和 get 方法传递的所有参数。这里并没有处理用户输入，而是利用 HttpResponse 对象简单地向用户的浏览器返回一条文字信息“Hello Django!”。HttpResponse 对象向浏览器返回信息时并不像 HTTP 代码那样有多种修饰格式，而只向浏览器发送“纯文本”信息，相当于终端中的 print 命令。

（4）修改 urls.py 文件。在 views.py 中开发的函数需要对应于用户在浏览器地址栏输入的网址，这个工作（任务）称为地址映射。地址映射任务由 urls.py 文件完成。规范的情况下，Django 的地址映射采用二级映射方式完成。

1）由“站点配置”目录中的 urls 文件将网址的 xxx.yyy.zzz.nm/some_app/部分从站点映射到某应用的目录，例如本应用的访问地址是 127.0.0.1:8000/start，那么首先由“./ lect9-2/”子目录下的 urls.py 文件解析根地址（127.0.0.1:8000/）后面的部分，也就是解析 start。注意，在 urls.py 文件中的 urlpatterns 列表的 url(r'^start_app/', include('start_app.urls'))数据项中，r 的含义是用正则表达式解析，^表示字符串开始，start_app/表示将以 start_app/开始的访问地址映射到 include('start_app.urls')，即将地址交由 start_app 应用中的 urls 文件进行解析。

2）start_app 利用自己目录中的 urls 文件将用户的访问映射到本应用的 views.py 文件中的函数，具体观察./start_app/子目录下的 urls.py 文件中 urlpatterns 列表的 url(r'^$', views.index, name='index')数据项，其正则表达式中^表示地址的开始，$表示地址的结束（但是开始和结束之间没有任何内容），结合站点的 urls，就将 127.0.0.1:8000/start 映射到 views 中的 index 函数。也就是说由网站 urls 解析到应用，由各应用 urls 解析到各应用 views.py 文件中的函数。解析的方式是编写 urlpatterns 列表的数据项，每个数据项分为三部分：第一部分是用正则表达式匹配的网址；第二部分是 view 中的函数；第三部分是数据项名称（这部分可以不与函数名对应）。

（5）启动站点。进入站点根目录，执行启动站点命令：

```
python manage.py runserver
```

命令执行成功后，Django 还会显示站点接收每次访问的日志。

知识梳理与扩展

1．views.py 文件的数据准备

views.py 文件的重要功能就是将数据打包后交给模板（template）文件。views.py 可以使用列表、字典等多种形式向模板文件传递数据。通过字典打包传递数据是比较好的选择。

2．模板文件

模板文件存放在 templates 目录中。模板文件不仅仅是一个 html 文件，它包含两部分内容：静态内容和动态内容。

- 静态内容：css、js、html。

- 动态内容：用于通过模板语言动态地产生一些网页内容。模板语言包括变量“{{variable}}”和标签“{%tag%}标签内容{%endtag%}”。

模板文件有许多方面的应用，由于篇幅所限，这里无法详述，下面只介绍其较常用的 Tag，其他内容请读者参考 https://docs.djangoproject.com/中的相关内容。

下面用一个例子演示 Tag 的用法，该案例使案例 9-2 的数据呈现图 9-5 所示的样式。

案例 9-3 开发表单（Form）处理用户输入

Web 交互多数通过 Form 进行，而 Django 有多种方式完成 Form。本案例要求利用 Form 表单输入圆的半径［图 9-8（a)]，计算并输出圆的面积［图 9-8（b)］所示。

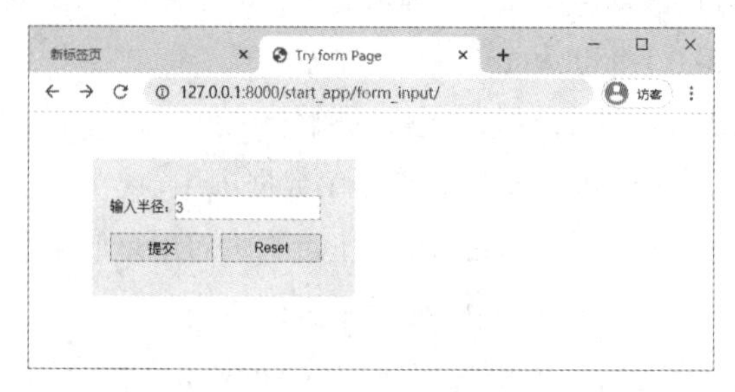

（a）输入圆的半径

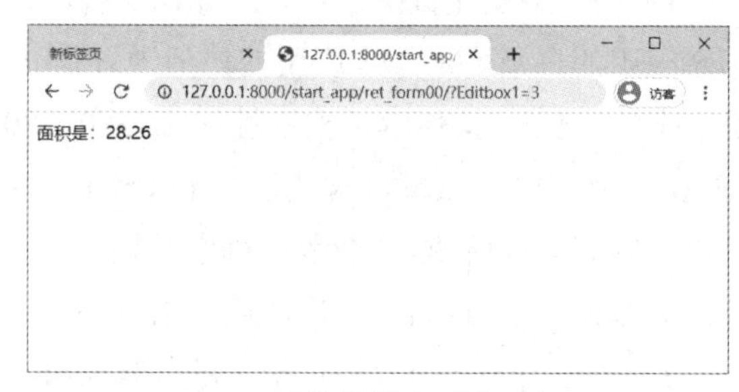

（b）计算并输出圆的面积

图 9-8 案例 9-3 程序运行界面

本案例将利用模板文件完成一个交互式的网页。在案例 9-2 的基础上分以下 4 步进行。

步骤 1：确定逻辑

交互网页的设计要综合考虑“信息提交”和“信息响应”之间的联系。案例 9-3 计划用两个页面完成信息提交和信息响应。图 9-8（a）所示为用户提交信息页面，图 9-8（b）所示为根据用户输入信息计算并输出圆的面积页面。

步骤 2：修改 views.py

在 views.py 文件中添加如下代码：

views.py

```
1    #显示页面
2    from django.shortcuts import render
3    #Create your views here
4    from django.http import HttpResponse
5    from django.template import loader
6    def index(request):
7        return HttpResponse("Hello Django!")
8    def form_00(request):
9            label_txt="输入半径"
10           #but_clear_txt="Reset"
11           template = loader.get_template('form_00.html')
```

```
12            context = {
13                'label_text': label_txt,
14                'btn_clear':"Reset",
15                'btn_submit':"提交",
16            }
17            return HttpResponse (template.render(context, request))
18    from .models import C_area
19    def   ret_form00(request):
20            r=float(request.GET['Editbox1'])
21            ca=C_area(r)
22            return HttpResponse ("面积是："+str(ca))
```

步骤 3：创建模板文件

在 templates 目录中创建 form_00.html 文件，代码如下：

form_00.html

```
1 <!DOCTYPE HTML PUBLIC "-//W3C//DTD HTML 4.01 Transitional//EN" "http://www.w3.org/TR/html4/
   loose.dtd">
2     <html>
3     <head>
4     <meta http-equiv="Content-Type" content="text/html; charset=utf-8">
5     <title>Form 表单输入</title>
6     </head>
7     <body>
8     <div id="wb_Form1" style="position:absolute;left:60px;top:43px;width:250px;height:127px;z-index:4;">
9     <form name="Form1" method="put" action="http://127.0.0.1:8000/start_app/ret_form00/" enctype=
          "text/plain" id="Form1">
10    <input type="text" id="Editbox1" style="position:absolute;left:78px;top:34px;width:138px;height:20px;
          line-height:20px;z-index:0;" name="Editbox1" value="">
11    <div id="wb_Text1" style="position:absolute;left:15px;top:37px;width:57px;height:32px;text-align:left;
          z-index:1;border:0px #C0C0C0 solid;overflow-y:hidden;background-color:transparent;">
12    <div style="font-family:Arial;font-size:13px;color:#000000;">
13    <div style="text-align:left">{{label_text}}</div>
14    </div>
15    </div>
16    <input type="submit" id="Button1" return false;name="" value="{{btn_submit}}" style="position:
          absolute; left:17px;top:69px;width:97px;height:26px;z-index:2;">
17    <input type="reset" id="Clear" name="" value="{{btn_clear}}" style="position:absolute;left:122px;
          top:69px; width:97px;height:26px;z-index:3;">
18    </form>
19    </div>
20    </body>
21    </html>
```

下面对步骤 2 和步骤 3 进行说明。

（1）从 views.py 的 form00()函数以及模板文件的关键语句可以看出，接收用户数据的 views.py 文件只是将按钮文字等信息传送给模板文件。模板文件中的<form name="Form1" method="put" action="http://127.0.0.1:8000/start_app/ret_form00/语句给出了处理用户提交数据的链接，而这个链接被 urls.py 文件映射到 views.py 文件的另一个函数上。views.py 中对数据的应答函数为 ret_form00。

（2）可以看到，使用 ret_form00()前，views.py 文件从.models 中引入了 C_area，这是因为 views.py 只负责接收数据，而根据 MVC 结构的原则，面积的计算应该放在 M（模型层）中，后面我们会看到 models.py 文件中定义的 C_area 类。

（3）ret_form00()中先使用 request.GET['Editbox1']方法获得用户输入，其中 request 对象（类型为 HttpRequest）保存了客户对页面请求的各种数据。GET 方法和 POST 方法（此两个方法必须大写）用于返回用户通过 Form 提交的数据。其中 GET 方法对应于 put 方式的提交，POST 方法对应于 post 方式的提交。request.GET['Editbox1']中的 Editbox1 指模板文件中名为 Editbox1 的文本输入框。

（4）ca=C_area(r)这行代码用半径 r 实例化了 C_area 类。

步骤 4：models.py 文件

数据的计算模块应该在 models.py 文件中定义，这里我们只定义了一个简单的圆面积计算类。为了使此类在 views.py 中“可见”，需要在 views.py 的第一行添加语句 from .models import C_area。若需要在 models.py 中访问 views.py 的方法，则在 models.py 中添加语句 from .views import *。models 和 views 前面的“.”表示命名空间的相对位置。

models.py 的具体代码如下：

models.py

```
1    #Create your models here.
2    from django.db import models
3    class C_area:
4        def __init__(self,r):
5                self.r=float(r)
6                self.s=0.0
7                self.pi=(3.14,)
8        def calc_s(self):
9                self.s=self.r**2*self.pi[0]
10               return
11       def __str__(self):
12               self.calc_s()
13               return str(self.s)
```

从 django.db 中导入 models 对象。在该文件中自定义 C_area 类。在 C_area 类中定义了 3 个函数，即__init__()函数、calc_s()函数和__str__()函数。

步骤 5：地址解析

根据上面的分析，修改./start_app/urls.py 代码（在 urls.py 文件中添加了解析项）：

urls.py

```
1       #./start_app/urls.py
2       from django.conf.urls import url
3       from .import views
4       urlpatterns = [
5                       url(r'^form_input/$', views.form_00, name='form_00'),
6                       url(r'^ret_form00/$', views.ret_form00, name='ret_form_00'),
7                   ]
```

站点目录中的 urls.py 代码不变。

运行项目，在浏览器中输入 http://127.0.0.1:8000/start_app/form_input/，可见图 9-8 所示的界面。

案例导读

用户在客户端（浏览器）中输入地址http://127.0.0.1:8000/start_app/form_input/，请求 Web 页面；通过./start_app/urls.py 文件使用正则表达式匹配 URL，相当于路由器分发路由；调用视图文件 views.py 中的 ret_form00()函数，进一步调用 models.py 文件中的 C_area()函数计算并返回圆的面积；再通过视图文件 views.py 中的 ret_form00()函数将面积填充到模板文件 form_00.html 中；最后通过视图文件 views.py 中的 ret_form00()函数发送 Web 页面到客户端（浏览器）。程序执行流程图如图 9-9 所示。

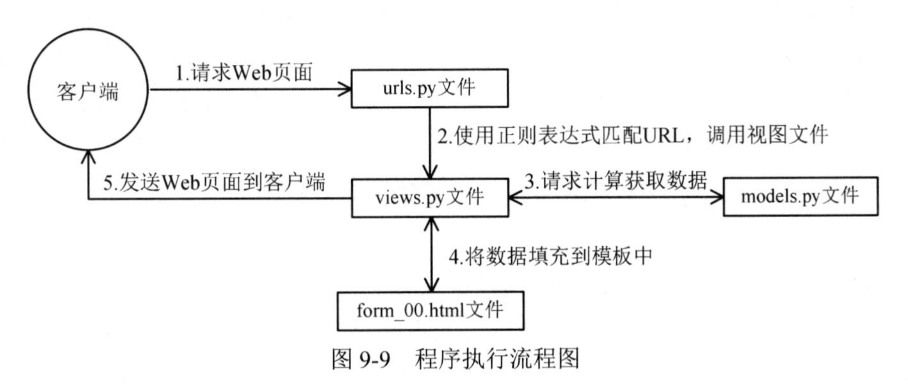

图 9-9　程序执行流程图

知识梳理与扩展

1. HttpRequest 对象

HttpRequest 对象包括了用户对网页请求的所有数据。在案例 9-3 中提到，GET 方法和 POST 方法除了可以按字典方式返回用户提交的数据以外，还有一些常用的属性和方法，介绍如下：

```
HttpRequest.body
```

返回 Http 请求的原始字符串，供图像转换等应用。

```
HttpRequest.path
```

返回请求页面的完整路径，但是不包括协议名和域名，在案例 9-3 中是/start_app/form_input/。

```
HttpRequest.method
```

返回用户进行页面请求时所使用的方法，返回值是字符串 GET 或 POST。

```
HttpRequest.is_secure()
```

若为 https 访问，则返回 True。

```
HttpRequest.META
```

返回一个 Python 字典，该字典包含所有可用的 HTTP 头部信息，其中一些常用信息如下：

- CONTENT_LENGTH：request body 的长度。
- CONTENT_TYPE：request body 的类型。
- QUERY_STRING：未解析的原始查询字符串。
- REMOTE_ADDR：客户端 IP 地址。
- REMOTE_HOST：客户端主机名。
- SERVER_NAME：服务器主机名。
- SERVER_PORT：服务器端口。
- HTTP_ACCEPT_ENCODING：response 响应中可接受的编码类型。
- HTTP_ACCEPT_LANGUAGE：response 响应中可接受的语言。
- HTTP_HOST：客户发送的 HTTP 主机头信息。
- HTTP_USER_AGENT：客户端的 user-agent 字符串。

2. model 中的数据处理

再次强调，处理数据和应用业务逻辑的代码应该在 model（模块）中完成，而不应混合在 views.py 文件中，为了让读者体会这一点，案例 9-3 并没有急于在 model 中加入访问数据库的相关内容，而只是实现了一个计算的逻辑，案例 9-4 中将介绍使用数据库的相关知识。

案例 9-4　开发数据库应用

我们已经学习了安装 Django、创建项目、创建应用、Django 视图、Django 模型、模板及表单处理等相关内容，接下来学习 Django 数据库技术，通过开发管理干部年度工作测评管理系统，学习 Django 的数据模型、URL 设计、视图、MVC 模式等相关知识。管理干部年度工作测评管理系统是某教育集团对中层及以上管理干部开展民意测评的系统。测评系统包含 3 个功能：①管理员发布干部工作总结；②匿名员工浏览干部业绩；③匿名员工评测管理干部。测评系统包括以下字段：岗位名称、类别、岗位职责、年度业绩、发布人、发布日期、修改日期等。

步骤 1：创建项目

（1）创建 Django 项目。

```
>django-admin startproject recruitment
```

（2）启动 Django 项目。

```
>cd recruitment
>python manage.py runserver
```

（3）创建数据库、启动后台管理。此时管理后台及数据库尚不能使用。首先要使用 makemigrations 进行数据库的迁移，产生 SQL 脚本，然后使用 migrate 命令把默认的 model 同步到数据库中，Django 会自动在数据库里为这些 model 建立相应的表。

1）执行命令创建表及表的字段。

```
>python manage.py migrate
```

重启项目，浏览器显示界面如图 9-10 所示。

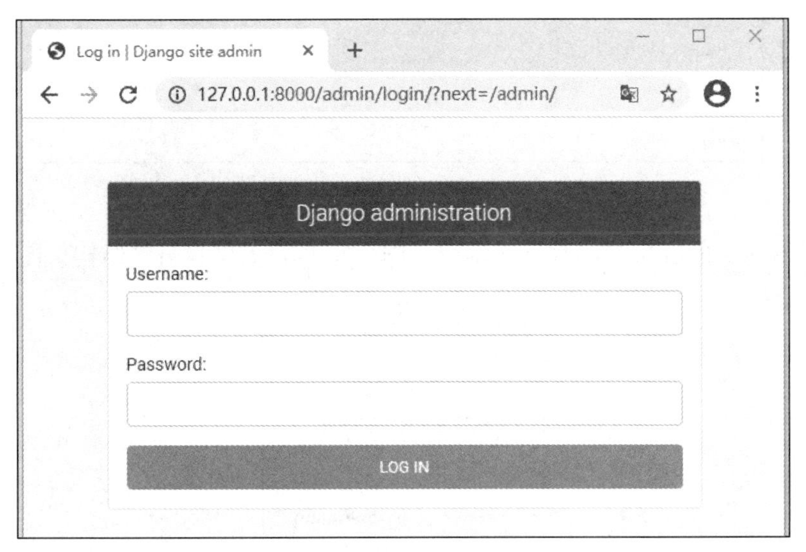

图 9-10　Django 后台管理界面

步骤 2：创建后台管理

（1）创建 superuser，设定其用户名和密码均为 admin。

```
>python manage.py createsuperuser
Username (leave blank to use 'sxvtc'): admin
Email address: 727972291@qq.com
Password:
Password (again):
The password is too similar to the username.
This password is too short. It must contain at least 8 characters.
This password is too common.
Bypass password validation and create user anyway? [y/N]: y
Superuser created successfully.
```

（2）在浏览器中用 admin 用户登录。Django 后台 superuser 的管理界面如图 9-11 所示。

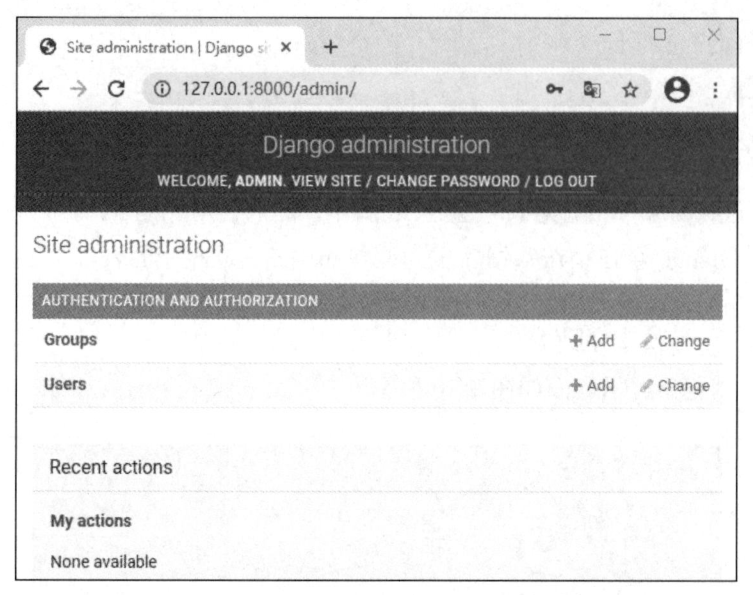

图 9-11　Django 后台 superuser 的管理界面

此时仅有一个 admin 用户，数据库为空。Django 项目的文件目录结构如图 9-12 所示。

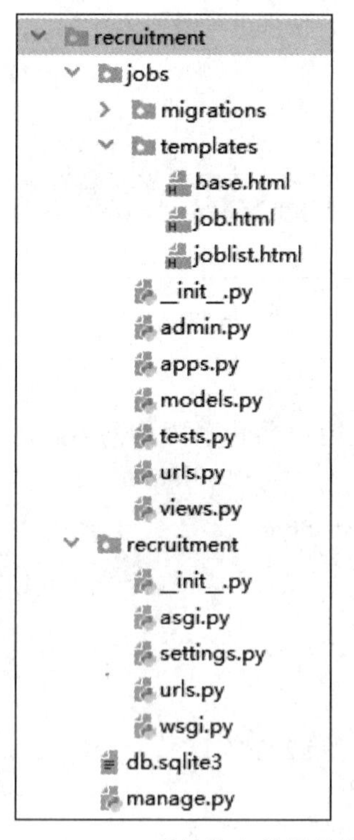

图 9-12　Django 项目的文件目录结构

将 settings.py 中的项目默认语言修改为中文：

```
#LANGUAGE_CODE = 'en-us'   #项目的默认语言
LANGUAGE_CODE = 'zh-hans'   #设置项目的默认语言为中文
```

步骤 3：数据库初始化

（1）在 Django 项目中创建应用，应用的名称为 jobs。一个项目可以有多个应用。

```
>python  manage.py  startapp  jobs
```

把创建的应用加到 settings.py 文件中。修改./recruitment/settings.py 文件，将 jobs 添加到 INSTALLED_APPS 列表中，如图 9-13 所示。Django 中有一系列的约定，只有在 INSTALLED_APPS 中添加应用后，应用中的模型、静态文件、模板等才能正常工作。

```
INSTALLED_APPS = [
    'django.contrib.admin',
    'django.contrib.auth',
    'django.contrib.contenttypes',
    'django.contrib.sessions',
    'django.contrib.messages',
    'django.contrib.staticfiles',
    'jobs'
]
```

图 9-13　jobs 添加到 INSTALLED_APPS 列表中

（2）编写模型代码。修改./jobs/models.py 文件，其中的 Job 类继承自 models.Model 类，并进行数据库中的数据与 Python 对象之间转换等相应操作。相应代码如下：

models.py

```
1    #定义岗位模型
2    from django.db import models
3    #导入系统用户
4    from django.contrib.auth.models import User
5    from datetime import datetime
6    JobTypes=[
7        (0,'教育集团副校长'),
8        (1,'分校校长'),
9        (2,'分校副校长'),
10       (3,'分校主任')
11   ]
12   Cities=[
13       (0,'海淀分校区'),
14       (1,'珠海分校区'),
15       (2,'深圳分校区')
16   ]
17   #定义岗位.
18   class Job(models.Model):
19       job_type=models.SmallIntegerField(blank=False,choices=JobTypes,verbose_name='职位类别')
20       job_name=models.CharField(max_length=20,blank=False,verbose_name='干部姓名')
21       job_city=models.SmallIntegerField(choices=Cities,blank=False,verbose_name='工作地点')
22       job_reponsibility=models.TextField(max_length=200,verbose_name='工作职责')
23       job_requiremeent=models.TextField(max_length=1024,blank=False,verbose_name='年度业绩')
```

```
24        #外键引用
25        creator=models.ForeignKey(User,verbose_name='创建人',null=True,on_delete=models.SET_NULL)
26        #获取当前时间为默认值
27        created_date=models.DateTimeField(verbose_name='创建时间',default=datetime.now)
28        modified_date=models.DateTimeField(verbose_name='修改时间',default=datetime.now)
```

（3）后台信息的设置需要修改 admin.py 文件。把 model 注册到后台 admin 中。admin.py 代码如下：

admin.py

```
1     from django.contrib import admin
2     from jobs.models import Job
3     #Register your models here.
4     #admin.site.register(Job)
5     class JobAdmin(admin.ModelAdmin):
6         #exclude = ('creator','created_date','modified_date') #隐藏创建人、创建时间、修改时间
7         exclude = ('modified_date') #隐藏修改时间
8         list_display = ('job_type','job_name','job_city','creator','created_date','modified_date')
9         def save_model(self, request, obj, form, change):
10            obj.creator=request.user
11            super().save_model(request,obj,form,change)
12      admin.site.register(Job,JobAdmin)
```

（4）数据同步。

```
>python manage.py makemigrations
Migrations for 'jobs':
  jobs\migrations\0001_initial.py
    - Create model Job
```

（5）使数据库改动生效。

```
>python manage.py migrate
Operations to perform:
  Apply all migrations: admin, auth, contenttypes, jobs, sessions
Running migrations:
  Applying jobs.0001_initial... OK
```

步骤 4：定义 Django 模板

管理员发布管理干部的年度总结时，项目需要展示如下页面：工作总结列表展示页面和工作总结详情展示页面；匿名员工浏览列表展示页面和详情展示页面。

Django 模板包含了输出的 HTML 页面的静态内容和动态内容，动态内容在运行时被替换，在 View 里面指定每个 URL 使用哪个模板来渲染页面。Django 的自定义模板具有继承功能，模板继承允许定义一个骨架模板，骨架包括站点上的公共元素（如头部导航、尾部链接），骨架模板里可以定义 Block（块），每一个 Block 都可以在继承的页面上重新定义/覆盖父类定义的内容，一个页面可以继承自另一个页面。

添加./jobs/templates/base.html 文件用于定义匿名访问页面的基础页面，使用 block 指令定义页面内容块，块的名称为 content，这个块可以在子页面中被重新定义或覆盖。

（1）基础页面文件 base.html 的代码如下：

base.html

```
1	<h1 style="margin:auto;width:50%;">教育集体管理干部工作测评</h1>
2	<p></p>
3	{% block content %}
4	{% endblock %}
```

（2）工作总结列表页面 joblist.html 继承自 base.html，其代码如下：

joblist.html

```
1	{% extends 'base.html' %}
2	{% block content %}
3	教育集团管理干部年度工作测评
4	<!--if 指令判断变量的值是否为空-->
5	{% if job_list %}
6	    <ul>
7	        <!-- 用 for 指令遍历工作总结列表中的每一个总结-->
8	        {% for job in job_list %}
9	        <li>{{job.type_name}}   <a href="/job/{{job.id}}/" style="color:blue">{{job.job_name}}
	            </a> {{job.city_name}}</li>
10	        {% endfor %}
11	    </ul>
12	{% else %}
13	    <p>No jobs are available.</p>
14	{% endif %}
15	{% endblock %}
```

（3）工作总结详情页面 job.html 继承自 base.html，其代码如下：

job.html

```
1	<!--继承父页面 base.html-->
2	{% extends "base.html" %}
3	<!--覆盖父页面的 block-->
4	{% block content %}
5	<!--定义 div 居中，展示 50%大小-->
6	<div style="margin:auto;width:50%;">
7	    <!--利用超链接实现从详情页面返回列表页面-->
8	    <a href="/joblist" style="color:blue">返回总结列表</a><p></p>
9	    <!--详细展示工作总结详情-->
10	    {%  if job %}
11	    <div class="position_name" >
12	        <h2>干部姓名:{{job.job_name}}</h2>
13	        校区：
```

```
14                {{job.city_name}} <p></p>
15            </div>
16          <hr>
17          <div class="position_responsibility" style="width:600px;">
18                <h3>岗位职责：</h3>
19                <pre style="font-size:16px">{{job.job_reponsibility}}
20                </pre>
21                <p></p>
22          </div><br>
23          <hr>
24          <div class="positoion_requirement"    style="width:600px;">
25                <h3>年度业绩：</h3>
26                <pre style="font-size:16px">{{job.job_requiremeent}}
27                </pre>
28          </div>
29          <br>
30          <div class="apply_position">
31                <input type="button" style="width:120px;background-color:lightblue;" value="测评" />
32          </div>
33    {% else %}
34          <p>总结不存在</p>
35    {% endif %}
36    {% endblock    %}
37    </div>
```

（4）修改视图文件./jobs/view.py。视图的作用相当于 URL 和模板的连接器，我们在浏览器中输入 URL 后，Django 通过视图找到相应的模板，然后将其返给浏览器。修改后的视图文件代码如下：

views.py

```
1     from django.shortcuts import render
2     #Create your views here.
3     from django.http import HttpResponse
4     from django.http import Http404
5     from jobs.models import Job
6     from jobs.models import Cities,JobTypes
7     from django.template import loader
8     #定义 joblist()函数作为视图
9     def joblist(request):
10          job_list=Job.objects.order_by('job_type')#从数据库中取工作总结列表，按工作类型排序
11          template=loader.get_template('joblist.html') #通过模板加载器 get_template()加载模板
12          context={'job_list':job_list}
13          #遍历工作总结列表，将 job_type 和 city_name 从 choices 类型转换为字符串
14          for job in job_list:
```

```
15              job.city_name=Cities[job.job_city][1]
16              job.job_type=JobTypes[job.job_type][1]
17              print('1', job.city_name)
18              print('2', job.job_type)
19          return HttpResponse(template.render(context))
20      #定义工作总结详情，每一份总结都有一个 id
21      def detail(request, job_id):
22          try:
23              job = Job.objects.get(pk=job_id)
24              #Cities 是由元祖构成的列表
25              job.city_name = Cities[job.job_city][1]
26          except Job.DoesNotExist:
27              raise Http404("Job does not exist")
28          return render(request, 'job.html', {'job': job})
```

Django 视图处理函数把一个个具体的页面模板和相应的 URL 地址关联起来。当用户访问网站并且输入一个 URL 之后，URL 设置会把请求封装成一个 Request 对象，并把它传递给相对应的视图处理函数，然后再由视图处理函数返回适当的响应［return render(request, 'job.html', {'job': job})］。

步骤 5：加载路径映射

对一个 Web 应用来说，URL 就是网站的入口，通过访问不同的 URL 就可以达到不同的页面。Django 应用通过在应用项目中创建 urls.py 实现 URL 地址表达式与 Python 的视图处理函数之间的映射关系，即访问不同 URL 调用不同视图处理函数。

（1）修改配置目录文件./recruitment/urls.py。文件代码如下：

urls.py

```
1   from django.contrib import admin
2   from django.urls import path
3   from django.conf.urls import include,url
4   urlpatterns = [
5       url(r"^",include('jobs.urls')),   #用 include 指令引用 jobs 中定义的应用路径
6       path('admin/', admin.site.urls)
7   ]
```

（2）在应用目录中创建./jobs/urls.py 文件。文件代码如下：

urls.py

```
1   from jobs import views
2   from django.conf.urls import url
3   urlpatterns=[
4       #定义工作总结列表
5       url(r"^joblist/",views.joblist,name="joblist"),
6       url(r"^job/(?P<job_id>\d+)/$",views.detail,name="detail")
```

```
7     ]
```

Django 的 URL 设置都写在 urlpatterns 中的表项中，每个表项都是一个 url 函数。url 函数的第一个参数是模式字符串；第二个参数是视图处理函数，代表具体的处理逻辑；第三个参数是 URL 设置的名称。

启动运行项目后，浏览器中的运行结果如图 9-14—图 9-16 所示。

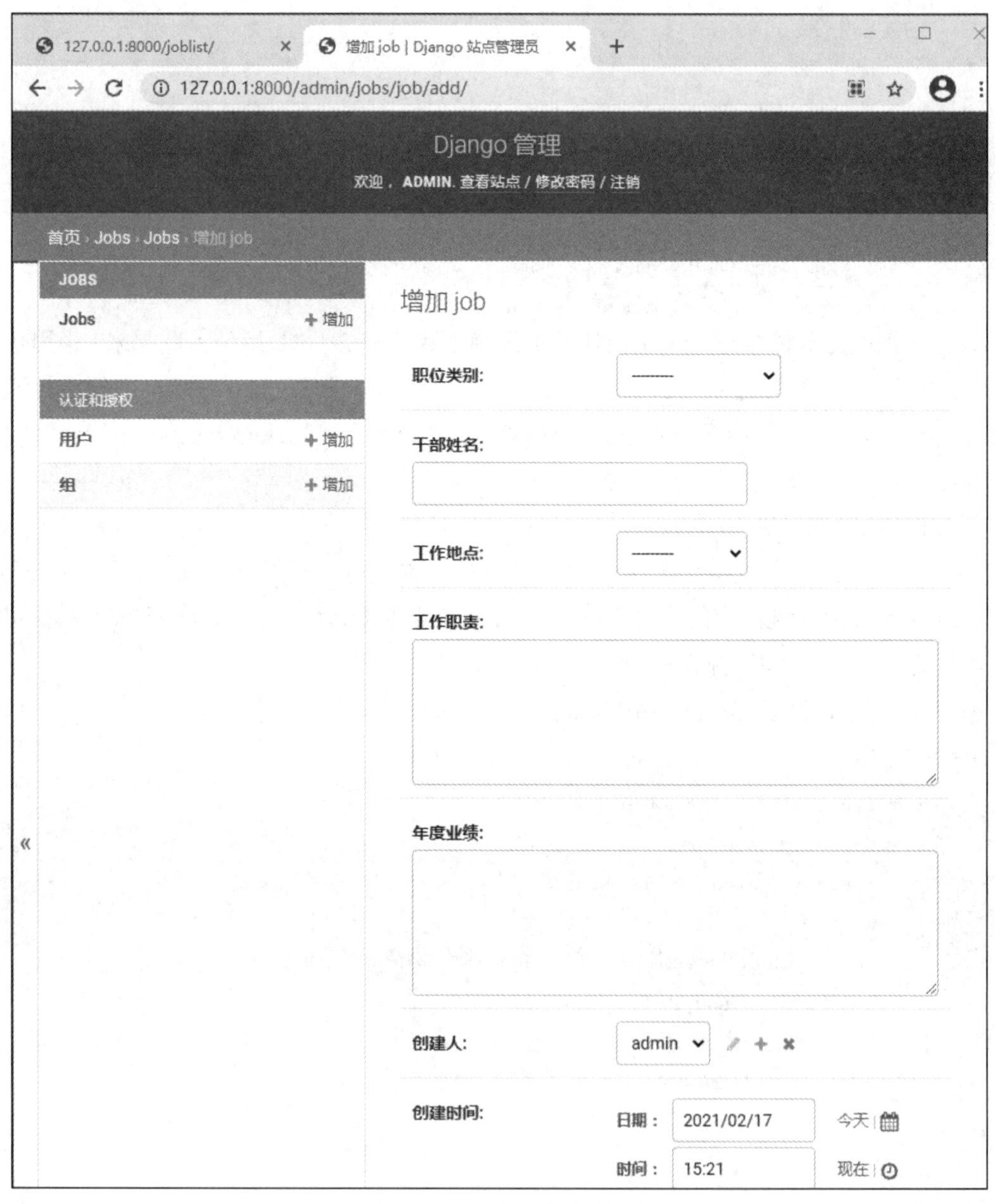

图 9-14　添加工作总结

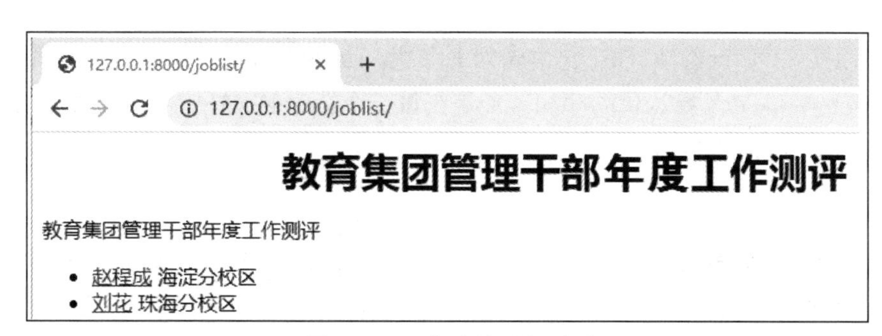

图 9-15　工作总结列表页面

图 9-16　工作总结详情页面

案例导读

Django 模板系统的语法规则涉及 Django 变量 Variables 和 Django 模板标签。具体说明如下：

（1）Django 变量 Variables，格式为{{变量名}}，示例如下：

```
My first name is {{ first_name }}. My last name is {{ last_name }}.
```

（2）Django 模板标签

1）if/else 标签，基本语法格式如下：

```
{% if condition %}
     ... display
{% endif %}
```

2）for 标签，{% for %}允许在一个序列上迭代。与 Python 的 for 语句的情形类似，循环语法是 for X in Y ，Y 是要迭代的序列，X 是在每一个特定的循环中使用的变量名称。

```
{% for athlete in athlete_list %}
    <li>{{ athlete.name }}</li>
{% endfor %}
```

每一次循环中，模板系统会渲染 {% for %} 与 {% endfor %} 之间的所有内容。

3）ifequal/ifnotequal 标签。{% ifequal %} 标签比较两个值，两个值相等时显示{% ifequal %}和 {% endifequal %}之间所有的值。下述代码比较两个模板变量 user 和 currentuser：

```
{% ifequal user currentuser %}
    <h1>Welcome!</h1>
{% endifequal %}
```

4）注释标签。

- 单行注释使用 {##}。该注释不能跨越多行，这个限制是为了提高模板解析的性能。
- 多行注释使用{% comment %}模板标签。示例如下：

```
{% comment %}
This is a
multi-line comment.
{% endcomment %}
```

5）过滤器。模板过滤器可以在变量被显示前对其进行修改。过滤器使用管道字符，如，{{ name|lower }}表示{{ name }}变量被过滤器 lower 处理后，相应文档中的大写字母转换为小写字母。

6）include 标签。该标签允许在模板中包含其他模板的内容。“标签”参数是所要包含的模板名称，可以是一个变量，也可以是用单/双引号硬编码的字符串。当在多个模板中出现相同的代码时，就应该考虑通过使用{%include%} 来减少重复代码。下述代码包含 nav.html 模板。

```
{% include "nav.html" %}
```

知识梳理与扩展

1. 数据库访问要点

前述单词测试案例演示了数据库的基本用法。在 Web 服务中使用数据库时需要先确定数据库的 settings 文件中配置的 DATABASES 参数域。本案例使用了系统自动生成的 sqlite 文件。settings 的配置如下所述。

（1）数据库连接与配置。

1）若需要使用自定义的 sqlite 文件，配置如下：

```
'ENGINE': 'django.db.backends.sqlite3' , #配置数据库引擎
'NAME': '绝对路径/data.db' , #数据库文件的路径
```

2）但若使用 MySQL 这样的网络数据库，则还要继续设置 USR、PWD、主机地址以及端

口号，相应代码如下：

```
'USER': '',                 #数据库登录用户名
'PASSWORD': '',             #数据库登录密码
'HOST': '',                 #主机 IP 或 HostName
'PORT': '',                 #端口号
```

（2）Django 封装了一些数据库操作方法，常用的方法如下所述。

1）利用 Model 派生类定义表结构，代码如下：

```
class Job(models.Model):
    job_name=models.CharField(max_length=20,blank=False,verbose_name='干部姓名')
```

其中，Job 是需要定义的表名，job_name 是定义的字段名，CharField 是 Django 的 Model 对象内置 Field 类，用来定义字段类型。常用的 Field 类如下：

- AutoField：自动增加字段。声明语句 id = models.AutoField(primary_key=True)声明 id 为 Table 的主键。
- BinaryField：二进制数据字段。
- BooleanField：True、False 类型。
- CharField：字符类型，需用 max_length 标明长度。
- DateTimeField：日期时间类型。
- FloatField：浮点数字字段。
- ImageField：image 字段。
- IntegerField：整型字段。
- TextField：文本字段。

2）常用的内置查询方法。Django 提供了一些简单的内置查询方法。例如 objects.all()，该函数返回数据表中的所有记录集，获得记录集后，可以利用 for 遍历记录集。例如，下列代码为获取所有工作总结列表并按 job_type 排序，再用 for 循环遍历所有记录。

```
job_list=Job.objects.order_by('job_type')
for job in job_list:
```

2. Django 的 MTV 模式

Django 是一个 Python Web 框架，支撑 MVC 模式。Django 已经实现了控制器（Controller）的功能，（即为开发者提供模板），因此 Django 更符合 MTV 模式。Django 的 MTV 模式如图 9-17 所示。

（1）Model 层：具有与数据组织相关的功能。该层包括组织和存储数据的方法和模式及与数据模型相关的操作，采用对象关系映射方法将 models.py 文件映射到数据库中。

（2）Template 层：具有与表现相关的所有功能。该层包括页面展示的风格和方式及如何与具体数据进行分离，还用于定义页面表现风格，通过占位符、循环、逻辑判断等来控制页面上的内容展示。

在应用目录中建立 templates 文件夹，建立所需的 HTML 文件；然后在 setting.py 中设置

好 templates 目录的路径；利用一些格式化的 HTML 文件，使数据按照要求（显示在哪里、怎么显示等）显示给用户。

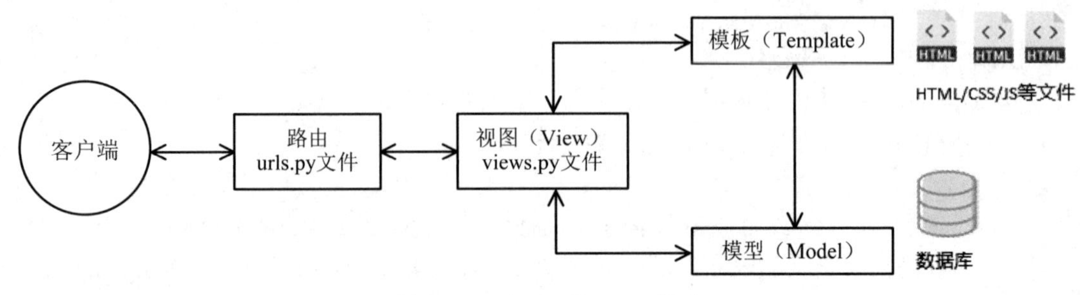

图 9-17　Django 的 MTV 模式

（3）View 层：具有针对请求选取数据的功能。该层用于选择哪些数据用于展示及指定显示模板，每个 URL 对应一个回调函数。

最后，还需要 URL 把模型、模板和视图串联起来（在 urls.py 中进行设置）。

小结

本章用 4 个案例演示了利用 Django 开发 Web 应用的方法。通过案例总结 Django 开发的要点如下：

（1）网站的基本单元是站点，站点中可以包括多个应用，各个应用的地址解析由站点的 urls.py 完成。

（2）views.py 中的函数用于反馈用户对网址的访问，而 Views 模块中函数名称与网址的映射由应用的 urls.py 完成，Request 对象包含了所有对网页的访问数据。

（3）model.py 中定义数据模型和业务方法。开发者可以使用 models.Model 的子类及其内置方法管理和查询数据表，也可以使用 objects.raw()以及 Manager 对象的方法灵活地使用自己编制的 SQL 语句。

（4）配合 Template（模板）系统，Django 可以借助其他 XML 语言以及 CSS 等完成多样性的网页呈现和网页交互工作。一般情况下，建议开发团队在用其他工具形成模板文件的框架后嵌入 Django 的标记，从而提高开发效率。

（5）使用 Django 的数据库需要开发者进行数据迁移和同步。Django 自动为开发者和站点提供了数据库的后台管理控制台，其网址是/admin/。

（6）Django 的 Web 应用是 MTV 模式，由 URL 把模型、模板和视图串联起来。

本章介绍的都是基本而易用的方法，实际上 Django 本身就是一个纷杂的“语言系统”，例如，对 Form、Ajax 等的应用，Django 都有对应的方案。由于篇幅限制这里就不一一介绍了，有兴趣的读者请访问网站：https://docs.djangoproject.com/获取详细内容。

练习九

1. 参考案例 9-3，实现输入长方形的长和宽，显示长方形面积的功能。
2. 扩展案例 9-4，增加测评页面，对管理干部的年度总结进行打分，保持测评分数。
3. 扩展案例 9-4，计算每一个干部的测评平均分，进行排序显示。

第 10 章　网络爬虫与数据可视化

本章我们尝试利用 Python 的爬虫技术爬取数据、可视化数据，然后利用 Django 展示图像。网络爬虫是按照一定的规则，自动请求网站并提取网络数据，利用内置的 urllib 库或第三方库 requests 爬取整个网页数据。网页数据的信息量非常大，不仅整体上给人非常乱的感觉，而且大部分数据并不是需要的数据，需要对爬取的网页数据进行过滤筛选，针对网页数据的格式，选择正则表达式、XPath 和 LXML、BeautifulSoup、JSONPath 等技术解析网页，选择有效数据，按既定格式保存数据。爬取的数据用 pandas 处理后保存为 sv 格式。

Matplotlib、Seaborn、Echarts 是常用的开源可视化工具。数据可视化是以图形图表的形式将原始的信息和数据表示出来。通过使用图表、图形和地图等可视元素，数据可视化提供一种便于观察和理解数据内在的异常值、趋势、规律甚至是模式的手法。总的来说，大数据可视化是通过对大数据进行获取、清洗、分析，将分析结果通过图形、图标等形式进行展示的一个过程。相比于数字表格，人类的目光和注意力更容易被颜色和图案吸引，比如从蓝色中快速识别红色，从圆形中快速识别出方形。因此，大数据可视化可以帮助我们更加科学地从视觉角度对海量数据进行诠释，进而引发观看者的兴趣，并通过不同的表现形式和突出手段将观看者的注意力集中在某一点上，同时令其获取更加有价值的、容易内化和理解的信息。最后利用 Django 技术展示绘制的图像，就可以利用浏览器进行访问了。

本章内容包括:

（1）网页抓取 requests 技术

（2）数据解析 JSON 技术

（3）pandas 数据处理技术

（4）pyecharts 数据可视化技术

（5）Django 数据展示技术

案例 10-1　数据爬取

本章所有案例是从网站（https://c.m.163.com/ug/api/wuhan/app/data/list-total）爬取全球某些国家某天的累计疫情数据（只为讲解数据爬取技术，不对数据准确性进行判断），先抓取网页再解析数据。抓取网页是通过 requests 模块，解析网页数据是通过 json 模块，保存数据是通过 pandas 模块。在使用这些模块前需要在终端进行安装，相应指令如下：

```
>pip install requests
>pip install json
```

```
>pip install pandas
```

案例 10-1 的代码文件如下：

let10-1.py

```
1   import requests
2   import pandas as pd
3   import json
4   header= {'user-agent': 'Mozilla/5.0 (Windows NT 6.1; Win64; x64) AppleWebKit/537.36 (KHTML,
        like Gecko) Chrome/80.0.3987.149 Safari/537.36'}
5   #1.选择数据源
6   url = 'https://c.m.163.com/ug/api/wuhan/app/data/list-total'     #定义要访问的地址
7   #2.初步探索数据
8   response=requests.get(url,headers=header)
9   data_json=json.loads(response.text)
10  # print('1:',data_json.keys()) #查看键值  dict_keys(['reqId', 'code', 'msg', 'data', 'timestamp'])
11  data=data_json['data']   #取出 json 中的数据
12  # print('2:',data.keys())        #查看 data 数据的键值  dict_keys(['ChinaTotal', 'ChinaDayList',
                                    #'lastUpdateTime', 'overseaLastUpdateTime', 'areaTree'])
13  data=data['areaTree'][2]['children']
14  # print('3:',data[0].keys()) #dict_keys(['today', 'total', 'extData', 'name', 'id', 'lastUpdateTime', 'children'])
15  # print(data_json)
16  # 5.世界各国实时 total 数据
17  data_country=data_json['data']['areaTree'] #取出实时数据
18  # print(data_country)
19  name_country=[]
20  #将国家名放到列表中
21  for i in range(len(data_country)):
22      # print(data_country[i]['name']+'      '+str(data_country[i]['total']['confirm']))
23      name_country.append(data_country[i]['name'])
24  total_data_country=pd.DataFrame([country['total'] for country in data_country],index=name_country)
25  total_data_country.columns=['total_'+i for i in total_data_country.columns]
26  print(total_data_country.head())
27  total_data_country.to_csv('./total_data_country.csv',encoding='utf-8')   #保存为 csv 数据
28  # 6.世界各国实时 today 数据
29  today_data_country=pd.DataFrame([country['today'] for country in data_country],index=name_country)
30  today_data_country.columns=['today_'+i for i in today_data_country.columns]
31  print(today_data_country.head())
32  today_data_country.to_csv('./today_data_country.csv',encoding='utf-8')   #保存为 csv 数据
```

案例导读

第 1～3 行，加载 requests、pandas、json 模块。

第 4 行，定义请求伪装，将爬虫发出的请求伪装成从浏览器发出的请求。

第 6 行，定义要访问的网址。

第 8 行，利用 requests 向指定的 url 发起请求，服务端响应请求并将返回的网页内容转给 response。

第 9 行，将返回的网页内容转成文本，将文本加载到 data_json 变量中。

第 11～17 行，解析网页中的 JSON 数据。

第 19～27 行，利用 pandas 处理解析出来的各国累计疫情数据并保存为 csv 格式。

第 29～32 行，利用 pandas 处理解析出来的各国当天疫情数据并保存为 csv 格式。

知识梳理与拓展

1. 网页抓取

requests 是基于 Python 开发的 HTTP 模块，共包含 7 个主要请求函数：

- requests.request()，构造一个请求，为支撑以下各方法的基础方法。
- requests.get()，为获取 HTML 网页的主要方法，对应于 HTTP 的 GET。
- requests.head()，为获取 HTML 网页头信息的方法，对应于 HTTP 的 HEAD。
- requests.post()，为向 HTML 网页提交 POST 请求的方法，对应于 HTTP 的 HEAD。
- requests.put()，为向 HTML 网页提交 PUT 请求的方法，对应于 HTTP 的 PUT。
- requests.patch()，为向 HTML 网页提交局部修改请求的方法，对应于 HTTP 的 PATCH。
- requests.delete()，为向 HTML 页面提交删除请求的方法，对应于 HTTP 的 DELETE。

requests 的请求函数构建一个 requests 类型的对象，该对象将被发送到服务器上请求资源，一旦得到服务器的响应，就会产生 response 对象，该对象包含服务器返回的所有信息。

response 对象的 7 个属性：

- r.status_code，为 HTTP 请求的返回状态，200 表示链接成功，404 表示失败。
- r.text，为 HTTP 相应内容的字符串形式，即 url 对应的页面内容。
- r.encoding，为从 HTTP header 中猜测的相应内容编码方式。
- r.apparent_encoding，为从内容中分析出的响应内容编码方式（备选编码方式）。
- r.content，为 HTTP 相应内容的二进制形式。
- r.encoding，如果 header 中不存在 charset，则认为编码为 ISO-8859-1。
- r.apparent_encoding，根据网页内容分析出的编码方式。

2. JSON 数据解析

JSON 的全称是 JavaScript Object Notation，意思是 JavaScript 对象表示法。它是一种基于文本、独立于语言的轻量级数据交换格式。JSON 有两种表示结构：对象结构和数组结构。

对象结构以{（半角大括号）开始，以}（半角大括号）结束，中间部分由 0 个或多个以“,”分隔的“key（关键字）/value（值）”对构成，关键字和值之间以“:”分隔。其语法结构如下：

```
{
    key1:value1,
    key2:value2,
    ...
}
```

其中，关键字是字符串；值可以是字符串、数值、True、false、null、对象或数组。

数组结构以[（半角中括号）开始，以]（半角中括号）结束，中间由 0 个或多个以“,”分隔的值列表组成。其语法结构如下：

```
[
    {
        key1:value1,
        key2:value2
    },
    {
        key3:value3,
        key4:value4
    }
]
```

json 常用的 4 个函数如下：

（1）json.loads()，把 JSON 格式字符串解码转换成 Python 对象，即实现从 JSON 到 Python 的类型转化。

（2）json.dumps()，实现将 Python 类型转化为 JSON 字符串，返回一个 str 对象，即实现从 Python 原始类型向 JSON 类型的转化。

（3）json.dump()，将 Python 内置类型序列化为 JSON 对象后写入文件。

（4）json.load()，读取文件中 JSON 形式的字符串元素并将其转化成 Python 类型。

解析 JSON 数据的示例代码如下：

lect10-2.py

```
1    import json
2    data={
3        'name': 'pengjunlee',
4        'age': 32,
5        'vip': True,
6        'address': {'province': 'GuangDong', 'city': 'ShenZhen'}
7    }
8    #将 Python 字典类型转换为 JSON 对象
9    json_data=json.dumps(data)
10   print(json_data) #输出 data 的值
11   #将 JSON 对象类型转换为 Python 字典
12   dic_data=json.loads(json_data)
13   print(dic_data['name']) #输出 pengjunlee
14   print(dic_data['address' ]['province']) #输出 GuangDong
```

案例 10-2　数据可视化

本案例针对已爬取的世界各国新冠疫情累计确诊数据，先筛选累计确诊人数超过 200 万的国家绘制柱形，再绘制所有国家的疫情饼图。采用 pyecharts 模块，在使用该模块前需要在终端下进行安装：

```
>pip install pyecharts
```

新冠确诊人数超过 200 万的部分国家的确诊人数和治愈人数柱形图如图 10-1 所示，相应代码文件为 lect10_3.py。

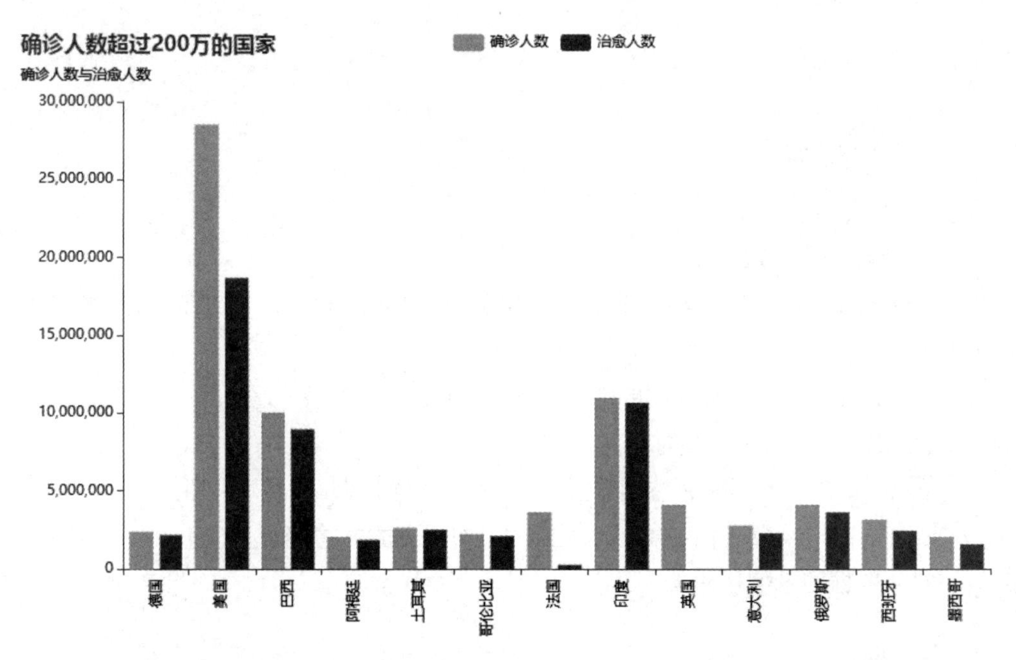

图 10-1　部分国家新冠的确诊人数与治愈人数图

lect10_3.py

```
1    from pyecharts.charts import Bar
2    from pyecharts import options as opts
3    import csv
4    x = []
5    y = []
6    z = []
7    with open('total_data_country.csv', 'r', encoding='utf-8') as f:
8        next(f)   #将读写文件的指针下移一行
9        data = csv.reader(f)
10       for row in data:
11           if int(row[1])>2000000:
12               x.append(row[0]) #国家名
13               z.append(row[1]) #确诊人数
14               y.append(row[3]) #治愈人数
15   chart=Bar()
16   chart.add_xaxis(xaxis_data=x)
17   chart.add_yaxis('确诊人数',yaxis_data=z)
```

```
18    chart.add_yaxis('治愈人数',yaxis_data=y)
19    chart.set_global_opts(title_opts=opts.TitleOpts(title='确诊人数超过 200 万的国家',subtitle='确诊人数
        与治愈人数'),xaxis_opts=opts.AxisOpts(axislabel_opts={"rotate":90}))
20    #
21    chart.set_series_opts(label_opts=opts.LabelOpts(is_show=False))
22    chart.render('确诊治愈双柱图.html')
23    f.Close()
```

案例导读 1

在代码文件 lect10_3.py 中：

第 1、2 行，通过 import 加载图形（Bar）和图形选项（options）。

第 7 行，通过 open()以只读方式打开 total_data_country.csv 文件，打开文件时的编码是 utf-8，对应的第 23 行 f.close()是关闭文件。

第 8 行，通过 next(f)将读取文件的指针下移一行（csv 文件有表头，不需要读取第 1 行）。

第 12～14 行，读取 csv 中的数据（为使绘制的柱形图简洁清晰，该案例只取确诊人数多于 200 万的国家），将符合要求的国家名、治愈人数、确诊人数分别保存到列表 x[]、y[]、z[]中。

第 15 行，创建柱形图对象。

第 16～18 行，将柱形图的横坐标设置为国家名，纵坐标设置为人数。

第 19 行和第 21 行，设置柱形图的全局变量，title 是柱形图的图题，is_show=True 时，柱形图的上方会显示具体的数据。

第 22 行，保存图像，render()在当前目录中生成默认名为 render.html 的图形文件，也可在指定位置生成图形，如 render(r'D:\\path\file.html')。

疫情严重国家确诊人数的占比图如图 10-2 所示，相应的代码见文件 lect10_4.py。

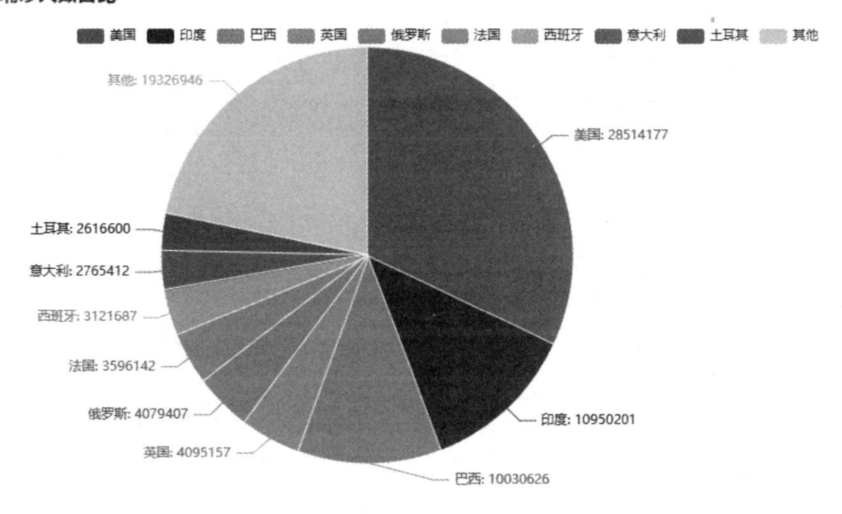

图 10-2　疫情严重国家确诊人数占比图

lect10_4.py

```
1    from pyecharts.charts import Pie
2    from pyecharts import options as opts
3    import csv
4    x_data=[]
5    y_data=[]
6    x=[]
7    y=[]
8    with open('total_data_country.csv', 'r', encoding='utf-8') as f:
9        next(f)   #读写文件的指针下移一行
10       data = csv.reader(f)
11       for row in data:
12           if int(row[1])>2000000:
13               x.append(row[0])
14               y.append(int(row[1]))
15   list_a=y
16   list_b=x
17   list_reflect=[]
18   list_sort=sorted(list_a,key=int,reverse=True)
19   # print("list_sort = ",list_sort)
20   for x in list_sort:
21       if x in list_a:
22           list_reflect.append(list_b[list_a.index(x)])
23   for name in list_reflect[:9]:
24       x_data.append(name)
25   print('            ')
26   x_data.append('其他')
27   for yz in list_sort[:9]:
28       y_data.append(yz)
29   sum=0
30   for qt in list_sort[9:]:
31       sum+=qt
32   y_data.append(sum)
33
34   c = (
35       Pie()
36           .add("", [list(z) for z in zip(x_data, y_data)])    # zip 函数将两个部分组合在一起
37           .set_global_opts(title_opts=opts.TitleOpts(title="疫情严重国家确诊人数占比"),
38                            legend_opts=opts.LegendOpts(
39                                #是否显示图例组件
```

```
40                                                      is_show=True,
41                                                      #图例位置，配置方法与标题相同
42                                                      pos_left='20%',
43                                                      pos_top='40',),
44
45                  ) #标题
46                  .set_series_opts(label_opts=opts.LabelOpts(formatter="{b}: {c}"))  #数据标签设置
47      )
48      c.render('疫情严重国家确诊人数饼图.html')
```

案例导读 2

在代码文件 lect10_3.py 中：

第 1 行和第 2 行，从 pyecharts 图库中加载图形 Pie 及选项 options。

第 8～14 行，从 total_data_country.csv 文件中读取确诊人数超过 200 万的国家的国家名及其确诊人数。

第 20～31 行，按确诊人数进行排序，统计确诊人数排名第 10 及以后的国家的确诊人数之和。

第 34～48 行，创建 Pie 对象，取确诊人数最多的前 9 个国家和其他国家绘制饼图。

知识梳理与扩展

提供可视化图表制作的 pyecharts 具有简洁的 API 设计，支持链式调用、多种主题可选及丰富的参数设置，提供了常用图表类型，如词云、可视化地图等接口，特别是能实现可交互的可视化效果。pyecharts 绘制图像的步骤如下：

（1）选择图表类型。

（2）声明图形类并添加数据。

（3）选择全局变量。

（4）显示及保存图表。

1. 选择图表类型

pyecharts 提供了几乎常用的所有图表类型，除了柱状图、折线图、饼图、散点图这四大通用可视化图表外，还包括词云、地图、箱线图、K 线图等专用图表；另外，pyecharts 也提供了常用图表的 3D 形式，对于多类型图表组合则提供了 Page、Grid、Tab 和 Timeline 四种形式，可将其看作单图表的容器。其实每一个图形库都被 pyecharts 封装成了一个类。从 pyecharts 图库中加载图形的语法格式如下：

```
from pyecharts.charts import 函数名
```

pyecharts 常用图表函数见表 10-1。

表 10-1　pyecharts 常用图表函数

函数	说明	函数	说明
Scatter	散点图	Funnel	漏斗图
Bar	柱形图	Gauge	仪表盘
Pie	饼图	Graph	关系图
Line	折线图/面积图	Liquid	水球图
Radar	雷达图	Parallel	平行坐标系
Sankey	桑基图	Polar	极坐标系
WordCloud	词云图	HeatWap	热力图

2. 添加数据

（1）散点图、折线图等二维数据图形既有 X 轴又有 Y 轴，因此我们不仅要为 X 轴添加数据，还要为 Y 轴添加数据，示例代码如下：

```
.add_xaxis(xaxis_data=x) #为 X 轴添加数据
.add_yaxis(series_name='', y_axis=y)   #为 Y 轴添加数据
```

（2）对于饼图、地图这样没有 X 轴和 Y 轴的图形，直接使用 add()方法添加数据即可，示例代码如下：

```
.add(series_name=' ', data_pair=[(i,j)for i,j in zip(lab,num)])
```

3. 设置图表样式

pyecharts 的图表样式通过初始化、全局配置项、系列配置项等进行设置。

（1）初始化（options.InitOpts）设置画布的长度和宽度及图表的主题和背景色等。

（2）全局配置项（set_global_options）设置标题、Y 轴样式、图例等。

（3）系列配置项（set_series_opts）设置标签、分割线等。

掌握了上述基本概念后，基本上就理解了 pyecharts 输出可视化图表的通用方法。

4. 输出结果

pyecharts 提供了将可视化图表输出的方式，较为常用的有两种：

（1）输出网页。.render()函数默认在当前工作目录下生成一个 render.html 文件，该函数也支持 path 参数，如向指定目录中输出 HTML 文件的语句为

```
render(r'D:\\path\file.html')
```

（2）pyecharts 还提供了其他多种图表输出形式，例如，make_snapshot()函数可直接输出 png 图片（png 图无交互能力）。

下面给出两个绘图实例：lect10_4.py 采用普通绘图方式绘制柱形图；lect10_5.py 采用链式绘图方式绘制柱形图。相应代码分别如下：

lect10_4.py

```
1	#普通绘图
2	from pyecharts import options as opts
3	from pyecharts.charts import Bar #加载图表类型
4	c=Bar()
5	#向 X 轴添加数据
6	c.add_xaxis(['星期一','星期二','星期三','星期四','星期五','星期六','星期日'])
7	#向 Y 轴添加数据
8	c.add_yaxis("北京分公司", [67,31,68,123,50,42,113])
9	c.add_yaxis("杭州分公司", [86,96,100,117,35,59,108])
10	#设置图表参数
11	c.set_global_opts(
12	        title_opts=opts.TitleOpts(title="Bar-Brush 示例", subtitle="我是副标题"),
13	        brush_opts=opts.BrushOpts(),
14	)
15	c.render("bar_with_common.html") #输出图形
```

lect10-5.py

```
1	#链式绘图
2	from pyecharts import options as opts
3	from pyecharts.charts import Bar #加载图表类型
4	c = (
5	    Bar()
6	    #向 X 轴添加数据
7	    .add_xaxis(['星期一','星期二','星期三','星期四','星期五','星期六','星期日',])
8	    #向 Y 轴添加数据
9	    .add_yaxis("北京分公司", [67,31,68,123,50,42,113])
10	    .add_yaxis("杭州分公司", [86,96,100,117,35,59,108])
11	    #设置图表参数
12	    .set_global_opts(
13	        title_opts=opts.TitleOpts(title="Bar-Brush 示例", subtitle="我是副标题"),
14	        brush_opts=opts.BrushOpts(),
15	    )
16	    .render("bar_with_chain.html") #输出图形
17	)
```

链式绘图方式将图表的实例化、添加数据、设置参数、输出结果放在了一句代码中。

关于 pyecharts 的详细内容，请参考网址 https://pyecharts.org/#/zh-cn/intro 中的相关知识。

案例 10-3　可视化展示

将案例 10-2 中生成的两个图用 Django 进行展示，通过浏览器进行访问。实施步骤如下：

步骤 1：创建项目

创建 Django 项目及应用。

```
>django-admin startproject django_pyecharts
>cd django_pyecharts
>python manage.py startapp app
```

步骤 2：创建目录

在项目中创建目录 images，并将案例 10-2 生成的图像文件（疫情严重国家确诊人数饼图.html、确诊治愈双柱图.html）复制到该目录中。

创建 templates 目录，在该目录中创建 index.html 文件，该文件的代码如下：

index.html

```
1    <!DOCTYPE html>
2    <html>
3        <head>
4            <meta charset="utf-8">
5            <title>疫情数据可视化展示</title>
6        </head>
7        <body>
8            <iframe src="/images/疫情严重国家确诊人数饼图.html" frameborder="0" style="width: 50%;
                 height: 550px;float:left;"></iframe> <br>
9            <iframe src="/images/确诊治愈双柱图.html" frameborder="0" style="width: 50%; height:
                 550px;float:right"></iframe> <br>
10       </body>
11   </html>
```

步骤 3：修改 settings.py 文件代码

修改 INSTALLED_APPS 参数，添加参数 app。

```
INSTALLED_APPS = [
    'django.contrib.admin',
    'django.contrib.auth',
    'django.contrib.contenttypes',
    'django.contrib.sessions',
    'django.contrib.messages',
    'django.contrib.staticfiles',
    'app',   #添加的代码
]
```

添加 STATIC_URL、STATICFILES_DIRS 参数。

```
# STATIC_URL = '/static/'
STATIC_URL = '/images/'
STATICFILES_DIRS = (os.path.join(BASE_DIR, 'images'),)
```

步骤 4：修改 views.py 文件代码

修改 views.py 文件，修改后的文件代码如下：

views.py

```
1     from django.http import HttpResponse
2     def index(request):
3         f=open('templates/index.html','rt',encoding='utf-8')
4         data=f.read()
5         f.close()
6         return HttpResponse(data)
```

步骤 5：修改 urls.py 文件

（1）修改配置目录中的./django_pyecharts/urls.py 文件，文件内的代码如下：

urls.py

```
1     from django.contrib import admin
2     from django.urls import path
3     from django.conf.urls import include, url
4     urlpatterns = [
5         path('admin/', admin.site.urls),
6         path('app/', include('app.urls')),
7     ]
```

（2）修改应用目录中的./app/urls.py 文件，文件内的代码如下：

urls.py

```
1     from django.conf.urls import url
2     from . import views
3     urlpatterns = [ url(r'^$', views.index, name='index'),    ]
```

步骤 6：启动项目

（1）在 PyCharm 的 Terminal 中执行命令：

```
> python manage.py runserver 192.168.20.148:8000
```

（2）在浏览器中输入网址 http://192.168.20.148:8000/app/，界面如图 10-3 所示（清晰图可见图 10-1 和图 10-2）。

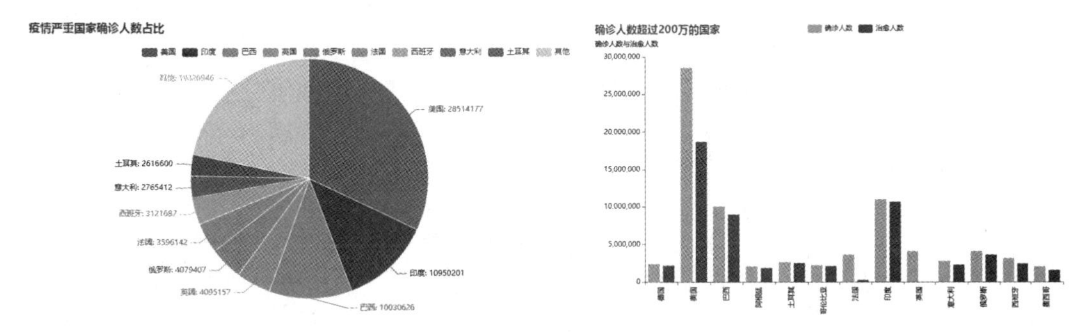

图 10-3　可视化图像展示

案例导读

1. 加载静态文件

Django 部署方式比较特别，采用静态文件路径 STATICFILES_DIRS 的部署方式（绝对路径因为缺少静态文件路径而全部失效），本案例中静态文件存放在 images 目录中，相应地要修改 settting.py 文件中的 STATIC_URL、STATICFILES_DIRS 属性值。

```
STATIC_URL = '/images/'
STATICFILES_DIRS = (os.path.join(BASE_DIR, 'images'),)
```

2. 允许访问列表 ALLOWED_HOSTS

settings.py 文件中的 ALLOWED_HOSTS 列表是为了防止黑客入侵的（即只允许列表中的 ip 地址访问项目）。

```
ALLOWED_HOSTS = ['127.0.0.1', 'localhost', '192.168.20.148', '*']
```

上述代码中填写上的“*”可以使所有的网址都能访问 Django 项目，通常只有项目测试的时候才这么做（因为这样项目就失去了保护）。

知识梳理与拓展

1. 数据爬取与可视化展示同步实现

本案例的数据爬取、数据可视化和图像展示是在多个程序中分开实现的，建议读者对程序进行完善，将上述 3 个功能写在一个程序中。

2. 数据定时更新

疫情数据是每天定时更新的，而该项目是程序运行一次则爬取数据一次，没有实现定时爬取更新数据。建议读者利用 Django 定时任务功能实现定时爬取数据，自动调整图像数据并通过可视化的方式进行展示。

练习十

1. 爬取国内各省当天新冠疫情新增数据和当天累计数据。
2. 利用爬取的数据绘制国内新冠疫情饼图和折线图。
3. 优化程序，连续实现爬取、绘图与可视化展示。
4. 优化程序实现定时爬取数据，自动调整图像数据并进行可视化展示。

附录　开发环境配置

本教材的程序是在 Python 3.6.8+PyCharm 集成环境中开发的，程序开发环境的配置过程如下所述。

1. 安装 Python

（1）在 https://www.python.org/downloads/release/python-368/ 下载安装程序 python-3.6.8-amd64.exe，下载界面如附图 1-1 所示。

附图 1-1　Python 3.6.8 下载界面

（2）双击 python-3.6.8-amd64.exe 进入附图 1-2 所示的安装界面，勾选 Install launcher for all users(recommended)和 Add Python 3.6 to PATH 复选框，单击“Install Now”按钮，根据出现的界面及相应提示进行操作，直至完成安装，如附图 1-3 和附图 1-4 所示。

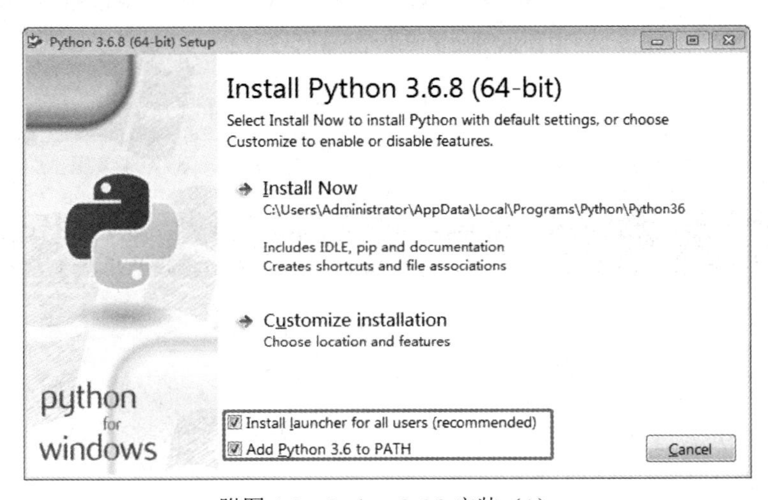

附图 1-2　Python 3.6.8 安装（1）

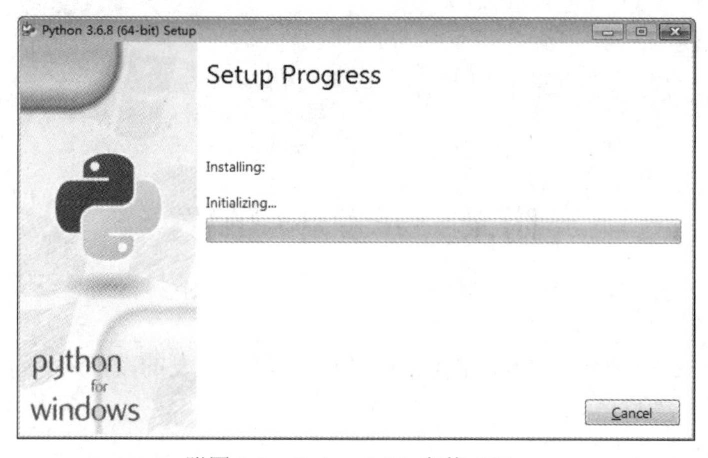

附图 1-3　Python 3.6.8 安装（2）

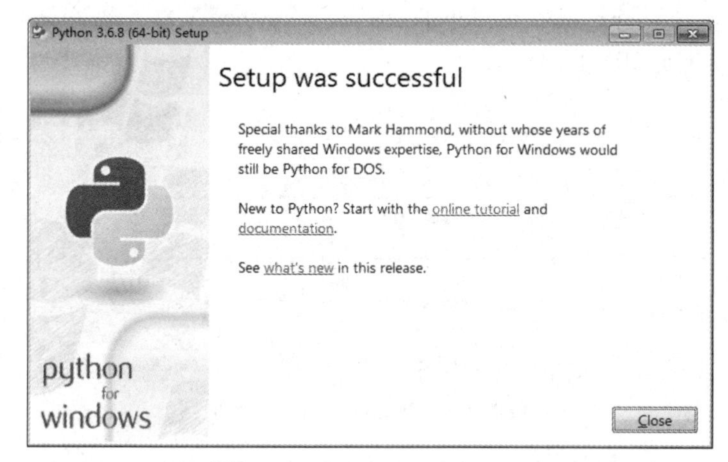

附图 1-4　Python 3.6.8 安装（3）

2. 安装 PyCharm

（1）在官网 https://www.jetbrains.com/pycharm/download/download-thanks.html?platform=windows&code=PCC 下载安装程序 pycharm-community-2021.1.2.exe（版本可能随时更新），如附图 1-5 所示。

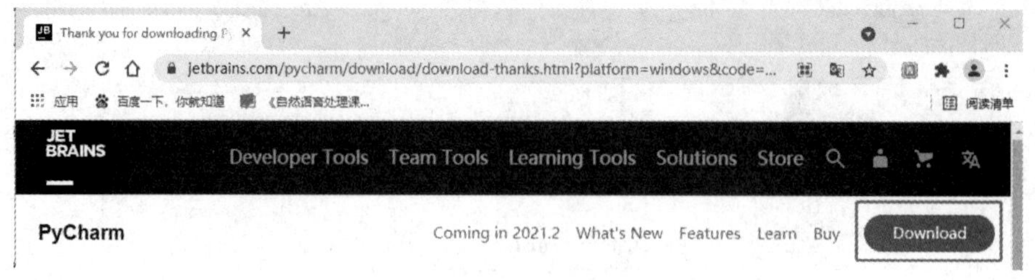

附图 1-5　PyCharm 2021.1 下载界面

（2）双击 pycharm-community-2021.1.exe 进入安装界面，根据出现的界面及相应提示进行操作，如附图 1-6 至附图 1-11 所示。

附图 1-6　PyCharm 2021.1 安装（1）

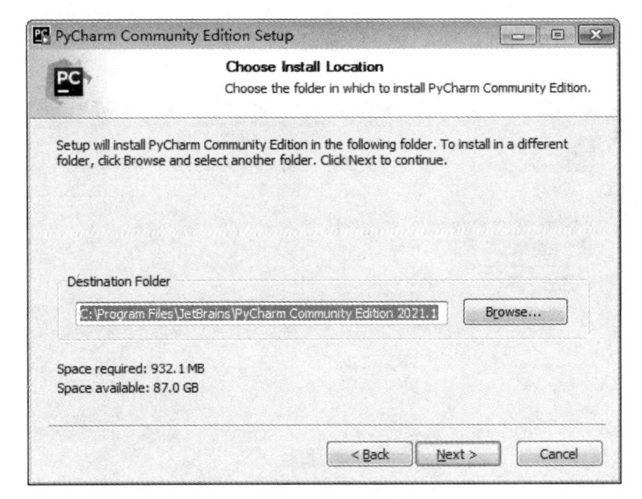

附图 1-7　PyCharm 2021.1 安装（2）

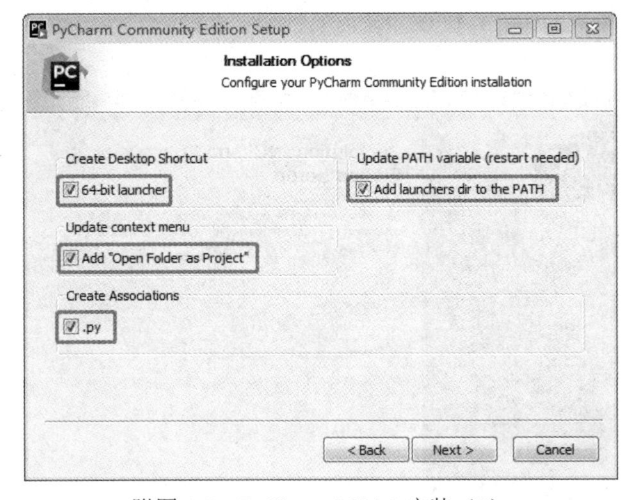

附图 1-8　PyCharm 2021.1 安装（3）

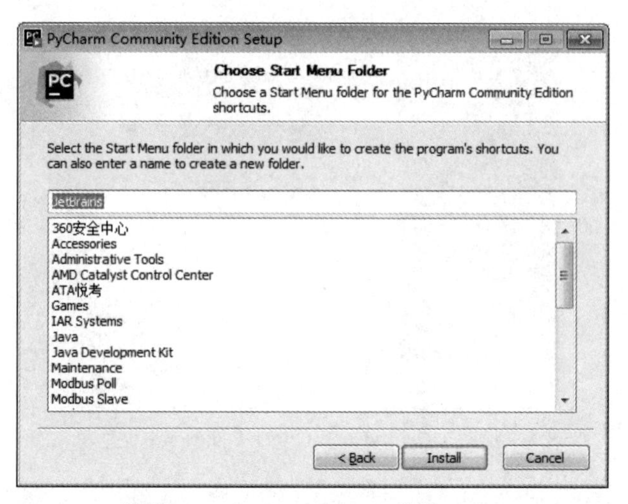

附图 1-9　PyCharm 2021.1 安装（4）

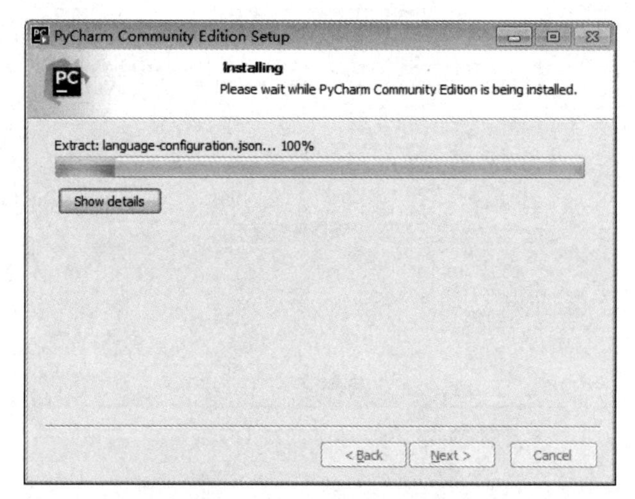

附图 1-10　PyCharm 2021.1 安装（5）

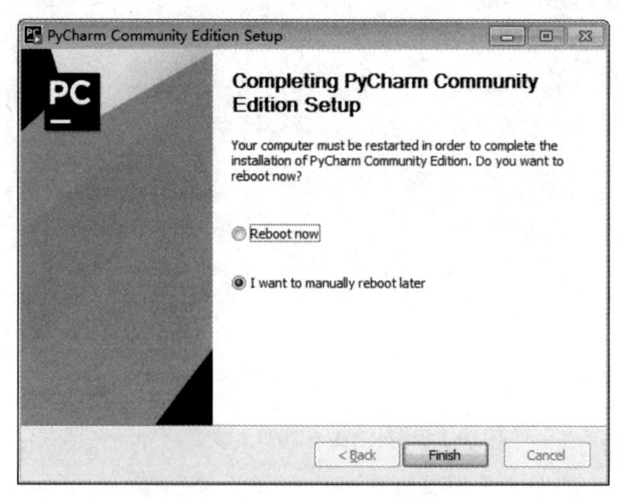

附图 1-11　PyCharm 2021.1 安装（6）

3. 设置 PyCharm

执行 File→Settings 菜单命令，在弹出的 Settings 对话框中选择 Font 项进行字体设置，选择 Color Scheme 项进行界面色彩设置，如附图 1-12 所示。

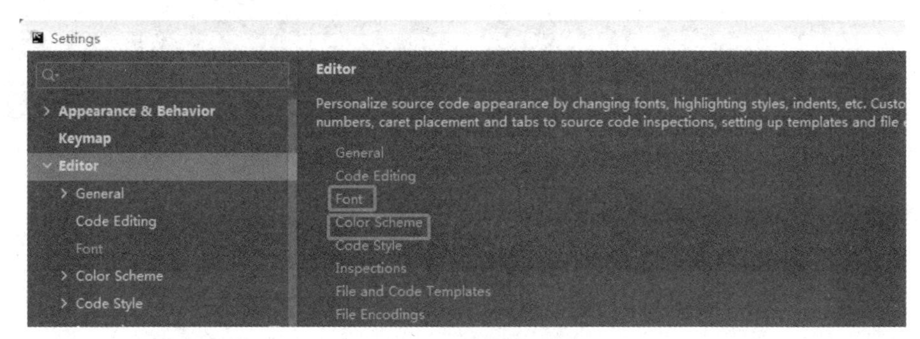

附图 1-12　Settings 对话框

4. 安装第三方模块

在 Settings 对话框中依次单击 Project pythonProject→Python Intepreter→+，在弹出的 Available Package 对话框中输入第三方模块名，如 numpy，然后单击“Install Package”按钮。安装完成后系统会显示“Package ‘numpy’ installed sucessfully”，如附图 1-13 所示。

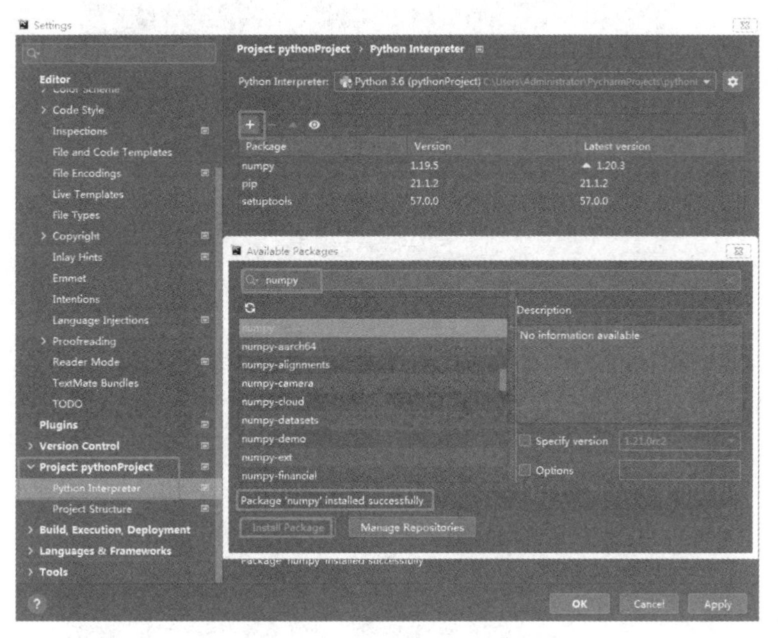

附图 1-13　安装第三方模块

5. 加载自定义模块

某些程序运行时需要加载自定义模块，例如，在 pythonProject 工程中新建目录 AB，目录 AB 中有 A.py 和 B.py 两个文件，如附图 1-14 所示。B.py 文件运行时需要加载 A.Py 文件，在 B.py 文件中使用“from　A　import *”语句即可将 A 模块中的所有函数引入，如附图 1-15 所示。

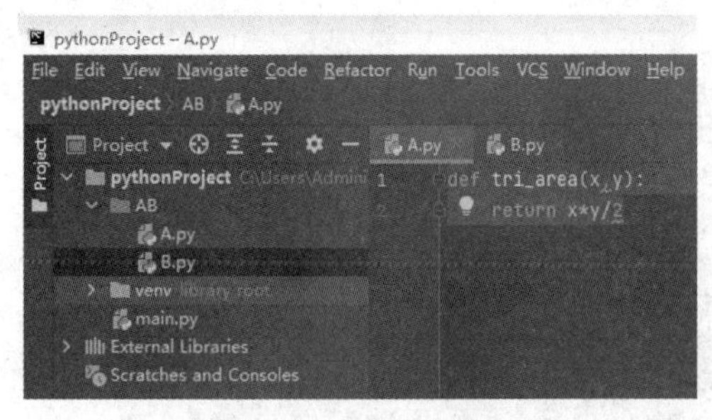

附图 1-14 程序模块 A

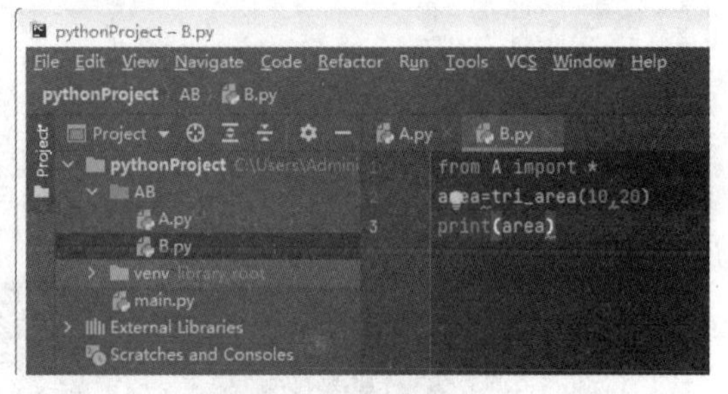

附图 1-15 程序模块 B

为实现上述功能，应在 PyCharm 中进行如下设置：

（1）在 Settings 对话框中选择 Build→Execute→Deployment→Console→Python Console 命令，在界面左侧勾选“Add content roots to PYTHONPATH”和“Add source roots to PYTHONPATH”复选框，如附图 1-16 所示。

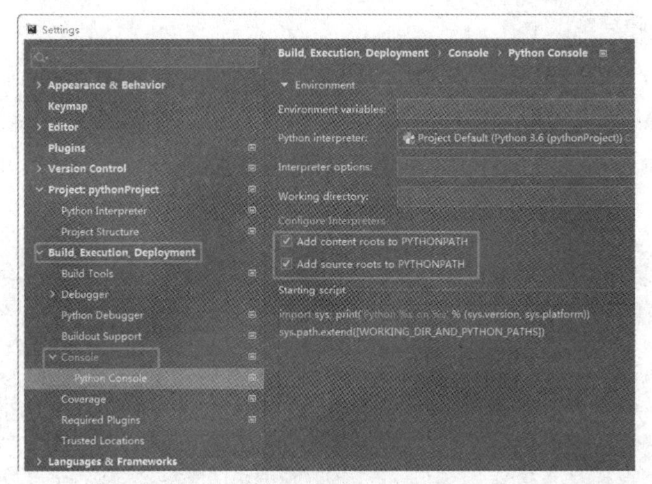

附图 1-16 加载自定义模块（1）

（2）在 Settings 对话框中，依次单击 Project pythonProject→Projecr Structre→Source→AB，如附图 1-17 所示，然后单击 OK 按钮。

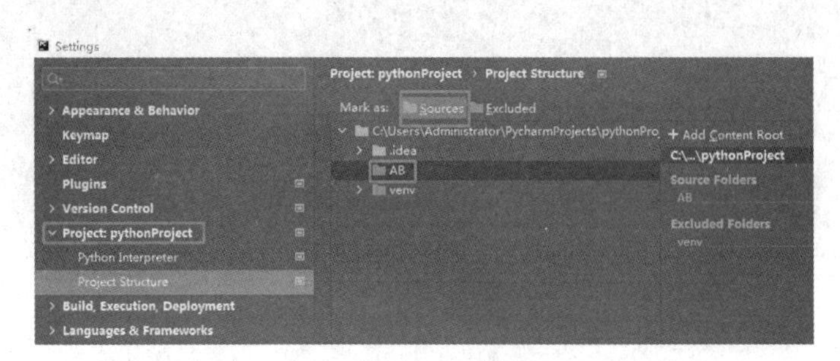

附图 1-17 加载自定义模块（2）

完成上述设置后，运行 B.py 程序就能正常输出结果。